青藏高原东北缘日月山断裂北段晚第四纪活动性研究

李智敏　谢　虹　黄帅堂　殷　翔　著

U0223801

地震出版社

图书在版编目（CIP）数据

青藏高原东北缘日月山断裂北段晚第四纪活动性研究/李智敏等著.
—北京：地震出版社，2021.8
ISBN 978-7-5028-5335-8

Ⅰ.①青…　Ⅱ.①李…　Ⅲ.①青藏高原—断裂带—晚第四纪—地质断层
—构造活动性—研究　Ⅳ.①P548.27

中国版本图书馆 CIP 数据核字（2021）第 159795 号

地震版　XM4924/P（6134）

青藏高原东北缘日月山断裂北段晚第四纪活动性研究

李智敏　谢　虹　黄帅堂　殷　翔　著
责任编辑：王　伟
责任校对：凌　樱

出版发行：地震出版社
　　　　　北京市海淀区民族大学南路 9 号　　　　　　邮编：100081
　　　　　销售中心：68423031　68467991　　　　　传真：68467991
　　　　　总 编 办：68462709　68423029
　　　　　编辑二部（原专业部）：68721991
　　　　　http://seismologicalpress.com
　　　　　E-mail：68721991@sina.com

经销：全国各地新华书店
印刷：河北文盛印刷有限公司

版（印）次：2021 年 8 月第一版　2021 年 8 月第一次印刷
开本：787×1092　1/16
字数：244 千字
印张：9.5
书号：ISBN 978-7-5028-5335-8
定价：80.00 元

2017 年日月山断裂德州段开挖探槽

青海省海北州海晏县德州村东

左一：李文巧副研究员，左二：张军龙副研究员，左三：付国超博士

右一：黄帅堂工程师，右二：殷翔工程师，右三：李智敏副研究员

前　言

新生代欧亚板块与印度板块碰撞汇聚拼合造山以来，青藏高原不断在三维尺度上向周边扩展和增生（Molnar and Stock，2009）。目前"大陆逃逸"（Tapponnier et al.，1982，2001；Petlezr et al.，1988；Avouac et al.，1993）和"地壳压缩增厚"（England et al.，1997，2005）学说成为两种端元模型。这两种运动学模型均没有讨论它们各自在青藏高原东缘地带的具体变形效应和运动学特征，目前很难说明哪一种模型更符合客观实际（徐锡伟，2008）。因此，青藏高原东北缘地区也成为高原最年轻的构造活动地区之一（Zhang et al.，1990，1991；Tapponnier et al.，2001）（图 0.1）。

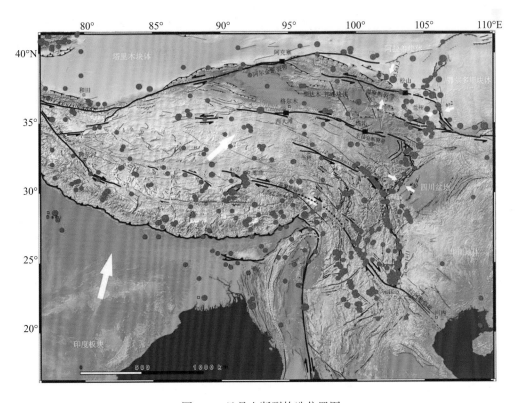

图 0.1　日月山断裂构造位置图

青藏高原东北缘地区是由北东东向左旋走滑的阿尔金断裂带、北西西向的祁连山—海原断裂带和近东西向左旋走滑的东昆仑断裂带三条巨型左旋走滑断裂所围限的一个相对独立的活动地壳块体,称为柴达木—祁连活动地块(图0.2)。

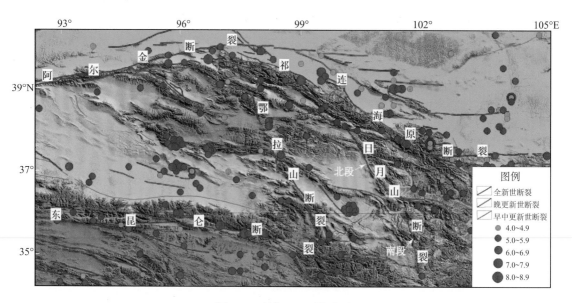

图 0.2 研究区地震构造图

在该活动地块边界的变形,东昆仑断裂带左旋走滑运动开始于10 ± 2Ma(付碧宏等,2006,2009);阿尔金断裂和祁连山—海原断裂之间的应力转换是通过高原北部边缘隆起山区的逆冲断层来完成的,高原变形的吸收主要是通过主控边界断层上的走滑速率、过渡转换区逆冲断层的逆冲滑动速率和高原边缘的高海拔来完成(郑文俊,2010);阿尔金断裂左旋滑动速率的减少量几乎全部转换成祁连山北麓断裂带两侧的地壳缩短和祁连山推覆体抬升(徐锡伟等,2003)。由于高原整体不断隆升和向北东侧向挤压,在块体内部也形成了一些性质不同、规模不等的晚第四纪活动断裂。在这些断裂之间,其构造变形以挤压为主,形成隆凹相间的构造格局,发育了柴达木盆地、青海湖盆地、西宁盆地、共和盆地、贵德盆地、同仁盆地等中新生代盆地。盆地边界的北西西—近东西向断裂以左旋挤压活动为主,为块体内部的主要活动断裂。除这些北西西—近东西向断裂之外,块体内部也发育一组北北西向—近南北向断裂,这组断裂以右旋挤压活动为主,一般切割盆地内褶皱或构成盆地的北西向边界,如日月山断裂和鄂拉山断裂等。从整个青藏高原东北缘的区域上看，以祁连山—海原断裂带和东昆仑断裂带为代表的 NWW-NW 向左旋走滑的大型主边界断裂与日月山断裂和鄂拉山断裂为代表的块体内部 NNW 向右旋走滑断裂（图 0.2），这两组走滑断裂可能构成了一组共轭剪切构造（Yuan et al., 2011）。日月山断裂控制了青海湖盆地和同仁盆地边界，以拉脊山为界，分为南北两大段，北段北起大通河以北的热麦尔曲，向南经热水煤矿，沿大通山、日月山 NNW 向隆起带的东侧至日月山垭口后与拉脊山断裂带斜接，总体走向 N35°W。断裂带的主体部分由 7 条不连续的次级断裂段呈右阶羽列而成，阶距约 2~3km，并在不连续部位形成拉分阶区，总长度为 234km（袁道阳等，2003b；李智敏等，2012）。北段晚更新世以来的水平滑动速率为 3.25±1.75mm/a，垂直滑动速率达 0.24±0.14mm/a（袁道阳等，2003a），全新世滑动速率为 1.2±0.4mm/a（Yuan et al., 2011）；南段长约 200km，活动性尚不清楚。有历史记录以来，日月山断裂带上未发生过大震，但是前人探槽揭示了日月山断裂北段 3 期古地震事件。

　　历史大地震分布表明，中国大陆绝大多数强震分布在地质构造块体边界带上的已有活动断裂带上（张国民等，2005）。近十多年来中国大陆强震主要围绕青藏高原内部巴颜喀拉块体边界带在活动，如 2001 年昆仑山口西 8.1 级地震发生在该块体北缘东昆仑断裂上，2008 年汶川 8.0 级和 2013 年雅安 7.0 级地震发生在东侧龙门山断裂上，2010 年玉树 7.1 级地震发生在南边界甘孜—玉树断裂上。2016 年门源盆地北缘 6.4 级地震的发生，日月山断裂作为青海湖盆地的东边界断裂，盆地周缘边界断裂的活动方式和趋势再次引起关注。多年来主要研究工作都集中在北祁连山—河西走廊地区，获得了该区最新构造变形方式、挤压逆冲速率和古地震事件等定量参数（袁道阳等，1997；冉永康等，1998；田勤俭等，2000，2001，2006；闵伟等，2002；张培震等，2003；付碧宏等，2006；徐锡伟等，2007；郑文俊等，2004，2012；郑文俊，2009），而南祁连及块体内部的盆地边界地区是研究的薄弱地区。日月山断裂和鄂拉山断裂作为块体内部的盆地边界活动断裂，存在发生中强震地震的构造条件，尤其是强震围绕巴颜喀拉块体主体活动区持续一段时间后，2016 年 1 月 21 日的门源 6.4 级地震，是否预示着中强地震已向北迁移，值得高度关注。因此日月山断裂和鄂拉山断裂活动特征的系统研究更为迫切。日月山断裂控制了包括青海湖盆地及海晏盆地、大通河盆地、德州盆地等新生代盆地的形成，成为这些盆地的边界，并且控制了这些盆地之间的对冲山—大通山和日月山的隆升和变形（袁道阳，2003b），所以日月山断裂是青藏高原东北缘柴达木—祁连活动地块内的一条重要的活动断裂，它对于区域内的地震安全性评价、工程场地的稳定性评价、灾害防治以及现代地球动力学方面的研究都有至关重要的作用（邓起东，2008）。

感谢国家自然灾害研究院徐锡伟研究员，中国地震局地震预测研究所田勤俭研究员，给予的技术支持和指导。参加野外工作和室内工作的还有中国地震局预测研究所李文巧、张军龙和熊仁伟副研究员，付国超和张伟恒博士，在此表示感谢。

感谢青海省地震局杨立民局长和同事们的大力支持和帮助。

感谢国家公益性重大行业专项"中国地震活动断层探察"项目（编号201408023），青海省科技计划项目——青海门源地区发震构造模型及未来地震危险性研究（2017-ZJ-775）和国家自然基金项目（41372215），给予的资助。

在此一并致谢！

目　　录

第一章　日月山断裂北段的研究现状

在过去的 20 年里，国内外学者对青藏高原东北缘的研究主要集中于几条大的主边界断裂，如阿尔金断裂、东昆仑断裂以及祁连—海原断裂，但是对其活动地块内部次级断裂则鲜有研究。日月山断裂北段是柴达木—祁连活动地块内的一条北北西走向的活动断裂，仅国内少数学者进行了初步描述。日月山断裂北段的北端—热水煤矿与大通山构造复合部位于 1927 年连续发生过多次 $M4.5 \sim 5.5$ 地震。

1.1　日月山断裂北段几何学分段研究

2003 年，据袁道阳等研究认为日月山断裂北段总长度约为 183km，根据其存在的 3 个拉分盆地将其划分为 4 段（图 1.1），各断裂段的特征如下。

（1）大通河断裂段：该次级断裂始于热麦尔曲与托勒山北缘斜接处，止于着尕登弄，总长约 48km。在地貌上主要表现为断层崖和断层陡坎，并且在恰雀尼哈发育了Ⅰ-Ⅱ级冲洪积阶地。野外测量得出 T2 阶地陡坎高度为 3~4m，T1 阶地陡坎高度为 0.5~1m，在该段未发现明显的走滑行迹，所以在以往的研究过程中没有该段的水平位移值，同时也缺失古地震方面的研究，该断裂段无断层活动性数据。

（2）热水断裂段：该断裂以着尕登弄为始，至茶拉河南为止，全长约 56km。据袁道阳等（2003b），在热水煤矿东北侧开挖探槽表明断层性质为逆—走滑，在柴陇沟 T1、T2 阶地前缘断错 8、35m，柴陇沟冲沟断错 250m，为该断裂段晚第四纪以来水平位移最大部位，同时测得柴陇沟北缘和南缘Ⅱ级阶地的位错量分别为 3~5、2.45m。

（3）海晏断裂段：该段北起茶拉河，南至克图盆地，长约 39km。断裂错动地貌的最大、最小水平位移分别为 1357、8m，垂直陡坎高度最高 4~5m、最低 0.5m。在贺湾处发育Ⅰ—Ⅱ级阶地，水平和垂直位错明显，T1、T2 阶地水平断错 8、11m，垂直位错 2.8、4~5m。通过贺湾探槽和柴陇沟Ⅰ级阶地平均年龄约 3000a B.P. 以及累计位错量获得该段平均水平滑动速率为 3.16mm/a，平均垂直滑动速率为 0.83mm/a(据袁道阳等（2003b）)。随后 Yuan et al.（2011）又对贺湾和查地进行了地质调查并取样，通过Ⅱ级阶地累计位错量和 ^{14}C 样品测年获得其滑动速率分别为 1.3±0.4 和 1.2±0.4mm/a。

（4）日月山断裂北段段：该断裂始于克图盆地，向南东方向延伸至日月山丫口的克素尔盆地止，长 40km。水平位错最大为 159m，最小 30m，并且都表现为错动的山脊；在前滩Ⅰ级阶地的垂直位移约 1.5m。过克素尔盆地后，在与拉脊山断裂斜接段为四条分叉断裂，走向为北西西。该段在前滩等地获得了少量水平和垂直位错量，但无年代学数据，所以日月山断裂北段段的断层活动性无法确定。

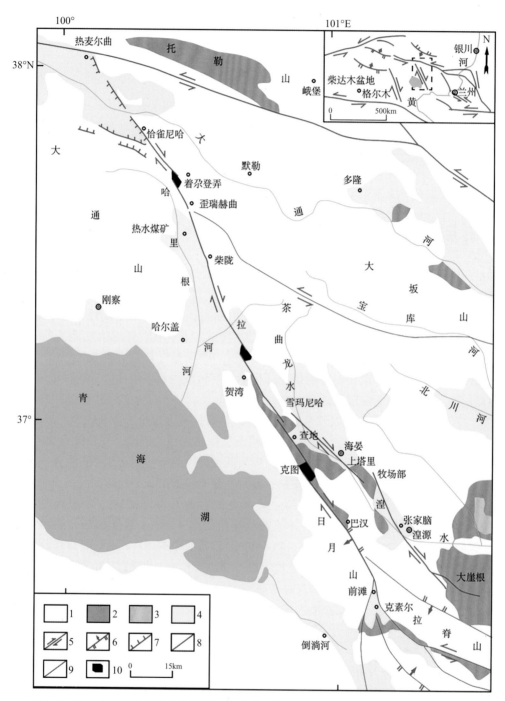

图 1.1　日月山断裂北段构造位置图（据袁道阳等（2003b）、李智敏等（2012）修改）

1. 前第三系；2. 古近系；3. 新近系；4. 晚第四系；5. 走滑断裂；

6. 逆断裂；7. 断层陡坎；8. 全新世断裂；9. 晚更新世断裂；10. 阶区

李智敏等（2012）在此基础上，采用分辨率为30m的陆地卫星ETM数据对日月山断裂北段进行了更进一步的遥感解译工作，认为日月山断裂北段还可以划分出雪玛尼哈—上塔里段和牧场部—大崖根段两条次级断裂（图1.2）。

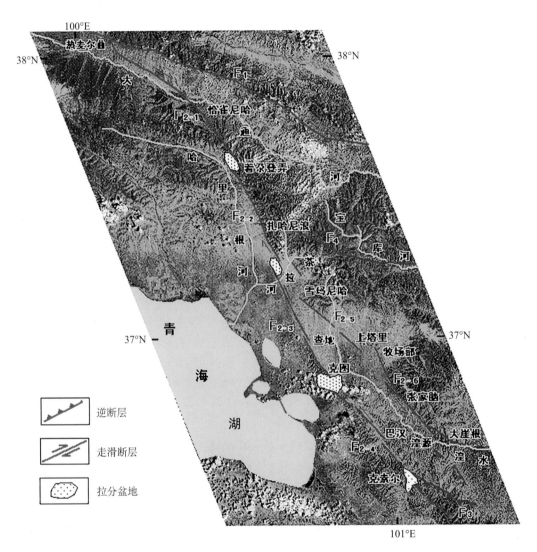

图1.2　日月山断裂北段遥感图（李智敏等，2012）

雪玛尼哈—上塔里段位于茶拉河的东南方向上，走向NNW，长26km，雪玛尼哈附近陡坎发育，水系也有明显的右旋位错。

牧场部—大崖根段沿上塔里继续向东南方向发育，全长约25km。断裂北北西向经过张家脑后，以北西向在大崖根分为2条，一条沿原走向止于湟源县城附近，在张家脑附近发育断层陡坎，并且水系也表现出明显的水平位错，最大水平位错940m，最小位错120m；另一条在北西西方向上沿湟水河河谷发育，控制了湟水河河谷的发育，在湟水河北岸大崖根处结束。据此认为日月山断裂北段可以分为六段，全长约223km，并且牧场部—大崖根段控制湟水河河谷的发育，自身具有发生强震的能力，同时有可能与西宁市区湟水河附近的地表断层相连接，对西宁盆地的构造活动形式和地震构造特征有非常重要的意义。

1.2　日月山断裂北段活动速率研究

Yuan et al.（2011）进一步对青藏高原东北缘青海湖相邻的晚第四纪右旋走滑断裂的滑动速率进行了研究。日月山断裂北段（又称海晏断裂），位于青海湖东缘，形成于祁连活动变形带内部。日月山断裂北段的南段和北段分隔了青海湖盆地、西宁盆地、贵德盆地以及同仁盆地，断裂的线性特征和位移特征明显。并且靠近拉脊山南侧的日月山断裂北段南段，始于贵德盆地，一直延伸至南西方向的同仁，断裂表现不连续，由多条次级断裂组成，近期断裂活动明显。主要地貌表现为阶地的右旋位错和明显的断层陡坎。以日月山断裂北段的中段贺湾和查地作为研究点进行断裂滑动速率的计算。在贺湾（37°6′10.7″N，100°41′7.8″E）发育一条右旋位错的小冲沟，沿着断层有西向的断层陡坎发育。通过GPS测量河道上下游深谷底线以及河道北岸的阶地位错量，显示其累计位错量在9±2m，河道南岸由于侵蚀作用，累计位错量在8±2m，该位错量应该为多次古地震事件作用的结果，因为断裂没有足够的长度使得单次强震的同震位移量达到9m左右。利用^{14}C进行采样点样品年代测试，结果显示采样点各层年代分别为2639±131、7057±110a B. P.，考虑一些误差，最终将该段的滑动速率定为1.3±0.4mm/a。在查地（36°56′29.4″N，100°49′1.9″E）附近发现一条冲沟，发育三级阶地，并且为断裂右旋剪切。冲沟北岸T2阶地右旋位移量约为11±3m，冲沟南岸T2阶地右旋位移量约为12±3m，冲沟北缘可能受到的侵蚀更为严重，所以认为南岸的位错量更接近实际位错量。但是由于冲沟南岸下游T3、T2阶地并不明显，无法确定其实际的位错。T2阶地表面高出现代河床约2~3m，在阶地边缘开挖了小的探槽以确定阶地时代通过^{14}C和OSL测年法测得各层的绝对年龄为10053±135a B. P. 和10.9±1.1ka，根据累计位移量并去除可能误差，计算得T2阶地的滑动速率为1.2±0.4mm/a。

通过连续的地质调查，袁道阳等（2003b）、Yuan et al.（2011）对热水段和海晏段的断裂活动性有了成熟的认识，两段断裂晚第四纪以来的滑动速率分别为1.47mm/a以及1.2~1.3±0.4mm/a，断裂的活动性大致相同。

1.3　日月山断裂北段古地震研究

袁道阳等（2003a）综合热水段和海晏段古地震研究以及各段累计位移量测量认为日月山断裂北段的新活动为逆—右旋走滑，根据探槽综合结果分析出两次古地震事件，其年代分别为：事件Ⅰ：6280±120a B. P.；事件Ⅱ：220±360a B. P.；复发间隔约4000a。通过整体水平和垂直位错量的测定和年代样品的采集计算获得断裂带全新世以来的平均水平滑动速率为3.16mm/a左右，垂直滑动速率为0.83mm/a左右。

李智敏等（2013）在热水段开挖了古地震探槽，探槽揭露出了1次古地震事件，其时代为 9865±40a B. P. 之后，综合袁道阳等（2003b）古地震研究结果，将日月山断裂北段古地震事件划分为 3 次，分别为 9645±220、6280±120 和 2220±360a B. P.，复发间隔 3365a，根据层间倾滑位移计算热水断裂段全新世以来的倾滑速率为 0.03mm/a（图 1.3）。

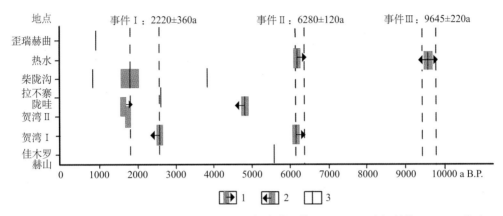

图 1.3　热水—日月山断裂北段古地震对比图（据袁道阳等（2003a）、李智敏等（2013）修改）

1. 古地震事件下限年代及误差；2. 古地震事件上限年代及误差；3. 实测陡坎年代

第二章 区域地质背景

2.1 区域地质背景概述

    青藏高原素有世界屋脊、世界第三极之称,其形成是地质历史演化最伟大的事件之一。一方面,印度板块与欧亚板块的俯冲碰撞及其后印度板块的持续向北楔入,不仅造成了强烈的板内构造变形、喜马拉雅山脉和青藏高原的形成,而且对整个亚洲大陆的构造格局产生了巨大影响(Molnar and Tapponnier, 1975; Tapponnier et al., 1982, 2001);另一方面,青藏高原的强烈隆升,也使得中国及周边地区气候和环境发生了深刻的变革(李吉均等, 1979, 1996; 施雅风等, 1999),同时在很大程度上影响了全球气候变化;除此之外,青藏高原是现今地球上唯——个正在进行陆—陆碰撞的例子,对于检验和发展板块学说具有重大的指导意义,所以青藏高原一直是地学领域科学家研究的重点和热点区域之一。对于青藏高原的研究,首先要解决的问题就是高原的形成演化及隆升机制(时、空尺度),而青藏高原的隆升过程也是中外科学家迄今为止一直争论的焦点。对于印度板块与亚欧大陆碰撞起始时间问题,不同的学者从古地磁、沉积学、古生物、构造演化、岩相古地理等角度进行了大量的论述和研究,获得的碰撞年龄有 70、65、55、50、45 和 40~34 Ma 等多种观点(张克信等, 2013)。而前人对青藏高原的隆升的认识主要存在 4 种观点:①印度板块和亚欧大陆碰撞导致青藏高原地壳和岩石圈连续缩短增厚,由高原南部(碰撞前沿地带)开始,传到中部至北部,然后产生拆离,导致高原均衡反弹上升,隆起的高原由于重力作用向东西方向扩展,在 8Ma 或更早发生高原"崩塌",引发了印度季风、亚洲季风、全球变冷和亚洲干旱化;②反对①观点的认识,认为高原变形和隆升主要受印度板块向亚欧大陆斜向碰撞影响,主要沿高原边缘深大剪切断裂发生变形。在始新世高原南部(唐古拉山以南)首先隆起,并向南东方向挤出,而后在渐新世至中新世,高原北部羌塘地块、可可西里和昆仑山相继隆起,最后在上新世至第四纪,青藏高原东北缘相继隆起;③中国学者为主的"三期隆升与两次夷平"的观点,第一期早始新世冈底斯为中心的隆升及其后的夷平(一级夷平面);第二期中新世以喜马拉雅为中心的隆升,上新世末的夷平(二级夷平面);第三期上新世末第四纪初高原发生大幅度整体的块体上升,把第三期又划分为 3 个剧烈上升阶段,自上新世以来青藏高原累计上升了 3500~4000m;④青藏高原的隆升可能为①和②两种观点的组合,变形通过青藏高原各块体间已存的大断裂和块体本身迅速传到高原的最北部(在 40Ma 已传到祁连山北部)(宋春晖等, 2003);青藏高原北部边缘经历了 4 期显著的隆升和 3 次夷平,4 期隆升阶段是 45~40、33~30、23~22、8~7,3 次夷平是 33、23 和 8~7Ma。最后一个隆升阶段(8~7Ma 以来)具有强烈的整体性,造成现今青藏高原大地貌,该阶段又可分为若干小阶段,以 3.6 和 1.8~0.8 Ma 的构造隆升最为重要(莫宣学, 2010)。随着对青藏高原研究的不断深入,学者们也把研究重点从 20 世纪 70 年代的高原南部板块碰撞的近程效应逐步转移到了北部板块碰撞的远程效应上。大量科研工作者认为，解决青藏整体隆升问题，高原北部研究已经成为最后的关键。

青藏高原东北缘位于甘肃、青海和宁夏交界地区，其南达东昆仑断裂、北至祁连山—海原断裂、西临柴达木盆地、东抵南北构造带，属柴达木—祁连活动地块，是高原构造变形的前沿地带和敏感部位，至今仍遭受强烈的构造作用（袁道阳等，2003a）。

柴达木—祁连活动地块内部主要发育了两组主导性活动构造，其中区域地壳的挤压缩短和山体的隆升主要由走向 NWW 的逆冲兼左滑走滑断裂带和褶皱完成（袁道阳等，2004），这些断裂带规模庞大，构成了青藏高原东北缘的主边界断裂（东昆仑断裂、祁连—海原断裂和阿尔金断裂）。

在边界断裂内部发育一组 NNW 走向的活动断裂，其性质兼具逆冲左旋（六盘山东麓断裂带、庄浪河断裂带）和逆冲右旋（鄂拉山断裂、日月山断裂）两种，这组断裂在构造变形和隆升过程中肯定起到过重要作用，其运动方式、演化历史和构造转换关系是青藏高原东北缘构造变形的重要基础（袁道阳，2003a）。袁道阳等认为，这两种主导性活动构造影响和制约了青藏高原东北缘晚第四纪以来的活动构造变形，变形方式主要表现为逆冲推覆构造、次级剪切构造、剪切压扁构造和弧形挤出构造之间的相互转换。其晚第四纪以来的活动构造转换机制为西、北、东三个方向分别受到塔里木、阿拉善和鄂尔多斯刚性块体阻挡，在区域北东向构造应力作用下，柴达木—祁连活动地块发生 NE 向的挤压缩短、顺时针方向旋转和向 SEE 方向的挤出。

日月山断裂北段位于柴达木—祁连活动块体内部，受到东昆仑断裂和祁连—海原断裂等主边界断裂控制（图 2.1a），形成了块体内部夹持于主边界断裂之间的次级构造。

在第四纪以前，日月山断裂北段以挤压逆冲性质为主，在断裂两侧形成了明显的挤压变形，第四纪早期，由于青藏块体继续向北东方向扩展，在区域北东构造应力作用下，块体发生了北西向的挤压缩短、顺时针方向的旋转和向南东东方向的挤出等构造变形，致使北西西向的区域主边界断裂发生左旋走滑，而夹持其间的北北西向断裂产生剪切压扁，导致日月山断裂北段的右旋走滑。对于 NNW 向断裂发生右旋走滑的力学机制也有其他一些看法，按照 Avouac et al.（1993）提出的块体挤出的"大陆逃逸模式"，NNW 向断裂的右旋走滑运动是由于南北两侧 NWW 向边界断裂的左旋走滑引起的内部次级块体逆时针旋转造成的，其旋转形式类似于多米诺骨牌式的运动。而按照 England et al.（1990）提出的"地壳增厚模式"，它们是在印度板块向北东方向的推挤作用下，青藏高原东北缘地区整体发生右旋剪切，导致顺时针方向的旋转和向南东方向的挤出（绕东喜马拉雅构造结的顺时针旋转），夹持在区域 NWW 向主边界断裂带内部的次级块体发生反时针旋转的结果。其实，在区域性右旋剪切和 NEE 向挤压的双重作用之下，区域应力的东西向分量必然导致 NWW 向主边界断裂发生左旋，与此同时，南北向应力分量就会使块体内部发生剪切压扁，导致 NNW 向的先存断裂发生继承性活动，产生右旋走滑和逆时针旋转，并在断裂的端部形成挤压逆冲构造，它们构成一组共轭剪切构造。

从研究区域上来看，日月山断裂北段北接 NNW 走向的托勒山北缘左旋走滑断裂，向西与江仓—木里左旋逆冲断裂相接，南部与拉脊山逆冲断裂斜接。断裂自北向南经过大通河、热水煤矿、茶拉河、托勒、克图和西岔，最终在克素尔盆地附近与拉脊山断裂相接（图 2.1b）。

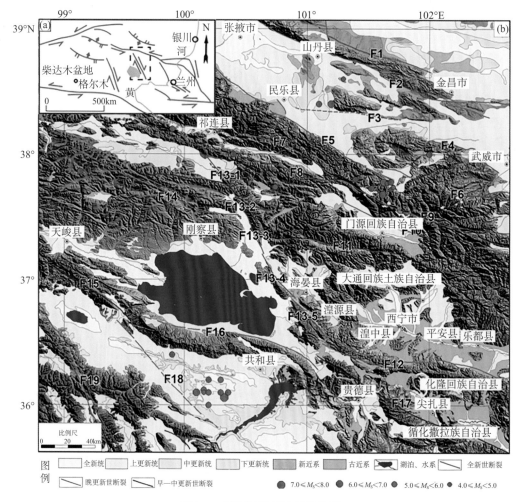

图 2.1　研究区区域地震构造图

F1. 龙首山北缘断裂；F2. 龙首山南缘断裂；F3. 民乐—永昌断裂；F4. 莲花山北缘断裂；

F5. 民乐—大马营断裂；F6. 皇城—双塔断裂；F7. 肃南—祁连断裂（俄堡段）；F8. 托莱山断裂；

F9. 冷龙岭断裂；F10. 门源断裂；F11. 达坂山断裂；F12. 拉脊山断裂；F13. 日月山断裂；F14. 木里—江仓断裂带；

F15. 二郎洞—茶卡杯断裂；F16. 青海南山北缘断裂；F17. 倒淌河—临夏断裂；F18. 哇玉香卡—拉干断裂；

F19. 鄂拉山断裂；F13-1. 大通河段；F13-2. 热水段；F13-3. 德州段；F13-4. 海晏段；F13-5. 日月山段

2.2　区域地震活动性

　　据有历史地震记录以来，区域内破坏性地震分布极不均匀，强震主要分布在研究区域的北部和西南部（2.2a）。在日月山断裂东北部，强震分布展现为北西西向的条带分布，可能与冷龙岭断裂的活动有关，西南部强震密集分布，可能与哇玉香卡—拉干断裂的活动有关。日月山断裂带上没有强震分布，断裂北端与托莱山断裂交会处发生 2 次 5.1 级和 1 次 5.2 级地震。

近代小震活动格局（图 2.2b）基本上与历史破坏性地震分布大体一致，研究区东北部呈北西向的条带密集分布，西南部哇玉香卡断裂带上小震密集分布。日月山断裂带北端和南端小震沿断裂带呈小密度分布，断裂带中部小震零星分布。

在日月山断裂上没有发生过 6 级以上地震。日月山断裂作为青藏高原东北缘北北西展布的区域性断裂，其活动性和古地震事件的复发期次和间隔的研究显得尤为重要。

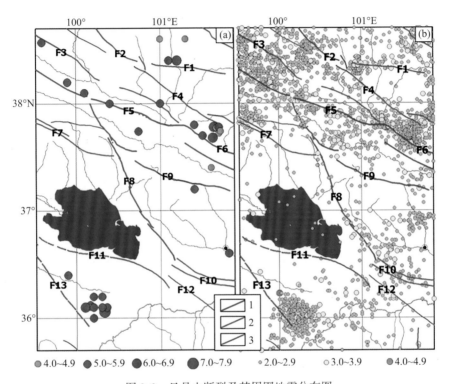

图 2.2 日月山断裂及其周围地震分布图

（a）强震分布图；（b）小震分布图

1. 全新世活动断裂；2. 晚更新世活动断裂；3. 第四纪早期活动断裂

F1. 民乐—永昌断裂；F2. 榆木山东缘断裂；F3. 肃南—祁连断裂；F4. 民乐—大马营断裂；

F5. 托莱山断裂；F6. 冷龙岭断裂；F7. 木里—江仓断裂；F8. 日月山断裂；F9. 达坂山断裂；

F10. 拉脊山断裂；F11. 青海南山北缘断裂；F12. 倒淌河—循化断裂；F13. 哇玉香卡—拉干断裂

2.3 区域大地构造单元划分

依据《中国大地构造及其演化》（任纪舜等，1980）中关于大地构造单元的划分方法，对研究区进行了大地构造单元的划分。研究区跨越了 2 个一级构造单元，6 个二级构造单元，日月山断裂北段跨越祁连褶皱系中部的祁连中间隆起带和优地槽褶皱带内的南缘。划分结果见图 2.3 和表 2.1。

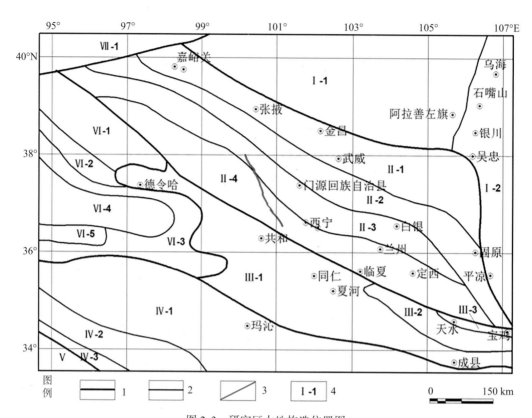

图 2.3　研究区大地构造位置图

1. 一级单元界线；2. 二级单元界线；3. 日月山断裂；4. 构造分区编号

表 2.1　大地构造单元划分简表

一级构造单元	二级构造单元
中朝准地台 I	阿拉善台隆 I-1
祁连褶皱系 II	走廊过渡带 II-1
	北祁连优地槽褶皱带 II-2
	祁连中间隆起带 II-3
	南祁连褶皱带 II-4
秦岭褶皱系 III	南秦岭冒地槽褶皱带 III-1
	礼县—柞水冒地槽褶皱带 III-2
松潘甘孜褶皱系（IV）	巴颜喀拉褶皱带 IV-1
	雅江褶皱带 IV-2
	玉树—义敦褶皱带 IV-3

续表

一级构造单元	二级构造单元
三江褶皱系 Ⅴ	乌丽—昂欠褶皱带 Ⅴ-1
东昆仑褶皱系 Ⅵ	达肯大阪褶皱带 Ⅵ-1
	欧龙布鲁克隆起带 Ⅵ-2
	柴达木北缘优地槽褶皱带 Ⅵ-3
	布尔汗布达优地槽褶皱带 Ⅵ-4
	柴达木拗陷 Ⅵ-5
	东昆仑中间隆起带 Ⅵ-6
塔里木台地 Ⅶ	北部台拗 Ⅶ-1

对日月山断裂北段相关的构造单元特征描述如下:

2.3.1 祁连褶皱系

该褶皱系是加里东期中朝地台西南边缘的裂陷带,西止于塔里木地台东缘,东插入鄂尔多斯台坳南端。早寒武世在陆壳基础上发育而成的早古生代裂谷型地槽带,于中志留世末及晚志留世末褶皱回返,隆起成陆。

1. 走廊过渡带 (Ⅱ-1)

走廊过渡带位于北祁连优地槽褶皱带与中朝准地台阿拉善台隆之间,其南界为祁连山北缘断裂带。这是一个陆棚海型冒地槽带,其基底主要由早古生代地层构成。中、上寒武统和中、下奥陶系为厚度近万米的碎屑岩和碳酸盐岩沉积。靠近北祁连优地槽带,早、中奥陶世沉降幅度较大,并有中基性火山岩喷发。上奥陶统不整合于中奥陶统之上,主要为笔石页岩和蚧壳灰岩,志留系亦为类复理石沉积。整个早古生代沉积,从南到北厚度和岩相具有明显的从优地槽型向地台型过渡性质。其两侧受断裂带的控制,即祁连山北缘断裂带和走廊北缘断裂带都向该区逆冲而形成具压陷特点的盆地。

2. 北祁连优地槽褶皱带 (Ⅱ-2)

位于走廊过渡带之南,包括走廊南山—冷龙岭等呈北西—北西西走向的窄长条形高山带,西北端被北东东向阿尔金断裂所截,其东端至毛毛山以东。该褶皱带是一个发育良好的优地槽褶皱带,其南北两侧均为深大断裂所围限。地槽内部分异较大,在深坳陷背景上,有若干条带状,并由晚元古扬子褶皱构成的隆起带,与之相应时代的中基性侵入岩与喷发岩也十分发育。早古生代地层普遍受区域变质,褶皱带内的断裂也以北北西走向为主,构成复杂褶皱—断裂带。本区志留系处于地槽封闭前夕,褶皱形成时期为早古生代末。根据区域性构造的不整合特点,本区主要可分为三个构造层:下构造层为中寒武—奥陶系;中构造层为志留系,志留纪中、晚期海水逐步退缩;上构造层为地台型沉积,主要由上古生界、三叠系等组成。

3. 祁连中间隆起带（II-3）

位于北祁连褶皱带与南祁连褶皱带之间，包括大雪山、陶勒山、大通山等。山脉走向与地质构造线的走向均呈北西—北西西向。该带主要由前震旦纪变质岩系褶皱基岩与震旦纪地层组成的盖层构成。早古生代期间一直处于隆起状态。志留纪的晚加里东运动，产生了以北北西向为主的紧密状褶皱系和巨大的压性断裂。经晚加里东运动，经历了泥盆系的强烈上升和夷平，石炭纪时连同北祁连褶皱带又被海水淹没，沉积了浅海相的灰岩和海陆交互相的含煤岩系。二叠、三叠纪时，以中祁连北缘深断裂为界，南为浅海—滨海相沉积，北为陆相盆地沉积，三叠晚期的印支运动后，随着我国西南巨大的印支褶皱系的形成，该区上升为陆地，结束海浸历史。进入新生代，尤其是喜马拉雅运动使该区隆升加剧。

4. 南祁连褶皱带（II-4）

这也是一个优地槽带。除拉脊山地区具较好的蛇绿岩外，中、上寒武系至中、下奥陶统中的火山岩一般为安山质和安山玄武火山岩等，在与中祁连交接处，沿中祁连南缘深断裂带木里等地见较大规模的超基性—基性岩体分布。中奥陶世该带遭受了强烈的加里东运动，并使该地槽发生分化；志留纪处于地槽封闭前夕，志留纪中晚期海水逐步退缩；经晚古生代缓慢抬升，于中生代晚期才转化为褶皱带；新生代又进入强烈隆起阶段。

2.3.2　秦岭褶皱系

介于塔里木地台、中朝地台和青藏—滇西褶皱区及扬子地台之间的一个大陆增生褶皱区，也是一条地壳消减带。其主体由一系列古生代为主的褶皱系、逆冲断裂带、走滑断裂带和蛇绿岩带组成，并包卷有前寒武纪地块，有大量古生代为主的花岗岩类和基性、超基性岩类的岩体、岩带贯穿其中，形成横亘中国中部的一条重要的地质分界带。秦岭褶皱系是从寒武纪初至三叠纪长期发育的以冒地槽为主的多旋回地槽褶皱系，经历加里东、华力西、印支三个发展阶段。加里东、华力西褶皱带分布于北秦岭地区，印支旋回结束地槽发展。后期又经受燕山和喜马拉雅运动的强烈改造，前者并伴有相当规模的、以中酸性为主的岩浆活动。

2.4　区域地壳形变特征

近年来的 GPS 观测结果清楚可见，印度大陆向北运动在高原内部引起各个地块向北运动，速率逐渐减小，运动方向也逐渐转向东北方向。其中，南部高喜马拉雅地块水平运动速率最大，一般为 35~42mm/a，方向为北略偏东；拉萨地块向北 30°~47°东方向运动速率平均为 27~30mm/a，东西向拉张速率达 10~18mm/a；羌塘地块的运动速率为 28±5mm/a，优势方向为北 60°东；柴达木地块运动速率为 4~9.5 mm/a，方向由西部的北 40°东过渡到东部的北 110°东，优势方向为向北 54°东（图 2.4）。

GPS 观测结果表明祁连山正在遭受的挤压变形是均匀的，位移矢量在南祁连最大，向北逐渐减小东西。运动分量除了由西向东逐渐增大外，由南向北还逐渐减小，表明祁连山地区的左旋位移是分布式的，整个祁连山构成一条巨大的左旋剪切带。从整个运动图像来看，地壳缩短和左旋走滑在跨过主要断裂带时没有发生明显的跳跃，表明构造变形发生在整个祁

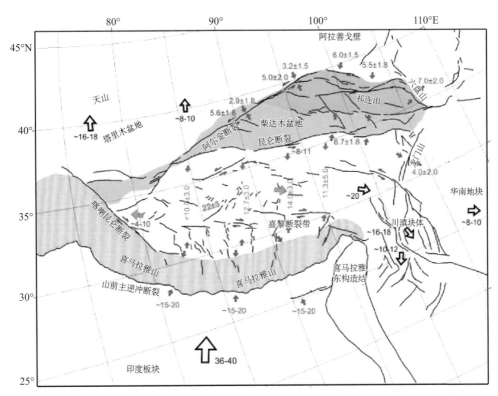

图 2.4 GPS 获得的青藏高原及周边块体与断裂带的运动方向和速率

(据 Zhang et al. (2004))

连山地区，而不是集中在少数几条断裂带上。垂直构造走向（27°）剖面显示（图2.5），平行于27°方向的地壳缩短分量在祁连山体是 6.5~10.0mm/a，河西走廊在 3.5~5.5mm/a 变化，阿拉善则在 4.5~5.5mm/a 变化。祁连山和阿拉善之间的地壳缩短速率可能是 4.0±1.0mm/a。垂直于30°方向的左旋走滑分量也是由南至北递减，祁连山在 10.0~14.0mm/a，河西走廊在 7.0~10.0mm/a，阿拉善在 5.0~6.5mm/a 变化。祁连山和阿拉善之间的左旋走滑速率是 7.5±1.5mm/a，这一运动速度可能代表了整个青藏高原东北边缘的左旋走滑速率，与地质学方法获得的全新世和第四纪的长期平均滑动速率类似。

GPS 观测结果表明，青藏高原东北部相对其外围稳定的阿拉善块体，整体上仍处于持续隆升过程中，但并非所有的区域均处于隆升状态，局部区域不再隆升甚至表现为下降的状态。研究区除西宁盆地、共和盆地等盆地存在下降外，均为持续隆升状态（图2.6）。

根据 1970~2010 年测得的大地形变资料所编制的垂直形变速率图（图2.7），在青藏高原整体抬升的过程中，柴达木盆地是相对沉降区，其中共和盆地和西宁盆地为下降区域、沉降速率不足 1mm/a。其他地区则为抬升区域，一般抬升速率小于 2mm/a，最大抬升区域位于研究区东部的天祝至永靖县一带，抬升速率可达 3mm/a 以上。这与以上 GPS 获得的现今垂直形变基本相似。

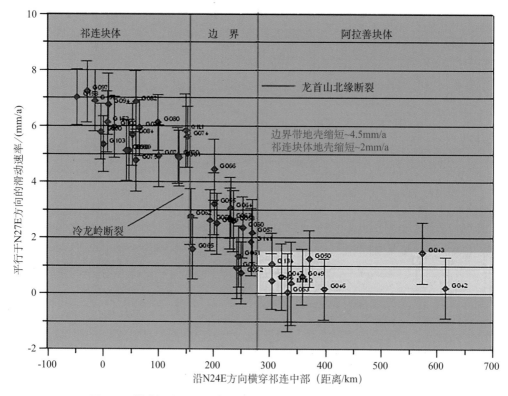

图 2.5　横跨祁连山的地壳运动速度剖面（据张培震等（2002））

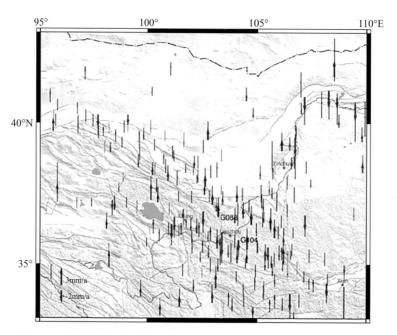

图 2.6　青藏高原东北部现今垂向运动 GPS 速度场（相对阿拉善块体）

蓝色箭头表示隆升；红色箭头表示下降（据梁诗明（2014））

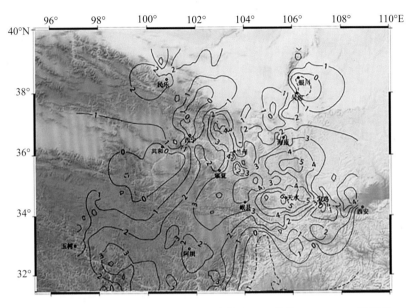

图 2.7 青藏东北缘地区现今地壳垂直运动速度等值线图（单位：mm/a）（据郝明（2012））

2.5 小结

日月山断裂北段位于柴达木—祁连活动块体内部，受到东昆仑断裂和祁连—海原断裂等主边界断裂控制，是该块体内部夹持于主边界断裂之间的次级构造。日月山断裂北段跨越祁连褶皱系中部的祁连中间隆起带和优地槽褶皱带内的南缘。

有历史地震记录以来，在日月山断裂上没有发生过 6 级以上地震。日月山断裂作为青藏高原东北缘北北西展布的区域性断裂，其活动性和古地震事件的复发期次和间隔的研究显得尤为重要。

第三章　日月山地区地貌及第四纪时间标尺

3.1　地层

据 1：20 万地质图成果并结合本项研究野外地质调查统计，日月山地区缺失志留系、泥盆系和石炭系上统地层，第四系缺失下更新统沉积层（图 3.1）。

3.1.1　前第四系地层

前震旦亚界（AnZ）：主要分布于日月山西段、哈尔盖河两侧及大通山一带，成分为黑云角闪斜长片麻岩、角闪斜长片麻岩、黑云斜长片麻岩、斜长黑云片岩、角闪黑云片岩、角闪石英片岩、角闪变粒岩、黑云变粒岩夹大理岩透镜体。震旦亚界长城系地层主要分布于金银滩、海晏县城南侧及大通山一带。

板岩、变砂岩组/湟源群东岔沟组（Z_c^a/Z_{1d}）：成分下部为深灰—黑色千枚状粉砂质板岩、变砂岩夹石英岩透镜体；上部为灰—灰黄色变砂岩夹石英岩及少量千枚状板岩、石英岩组/磨石沟组（Z_c^b/Z_{1m}）。主要分布于金银滩西侧、茶拉河附近，成分为灰白色石英岩。

砂岩夹板岩组/青石坡组（Z_c^c/Z_{1q}）：成分为深灰色、灰黑色板岩，粉砂质板岩夹灰色石英砂岩及含粉砂、黏土质白云质灰岩。

蓟县系/中震旦统花石山群（Z_j/Z_{2hs}）：零星分布于茶拉河东侧，热水南、北，成分为灰—灰黑色灰岩、燧石条带灰岩、结晶灰岩、白云岩、鲕状白云岩夹钙质板岩、含铁黏土质长石质硬砂岩。底部为棕灰色白云质石英砾岩。

青白口系（Z_q）：成分上部为灰—灰黑色粉砂质板岩夹石英砂岩、灰岩，紫红色粉砂质石英砂岩；下部为暗紫色不等粒变粒岩。

寒武系（∈）：零星分布于哈尔盖河中、下游地区，成分为灰绿、暗绿色玄武岩、安山岩、火山角砾岩夹凝灰质砂岩、黏板岩、条带状硅质岩及灰岩透镜体。

上奥陶统抠子组上岩组（O_{3k}^b）：零星分布于大通河北部，成分为灰色厚层灰岩、千枚状板岩、长石砂岩，顶部为凝灰质板岩夹灰岩、安山岩、火山角砾岩、凝灰岩。

石炭系下统臭牛沟组（C_{1c}^b）：零星出露于大通河北部、日月山断裂北端，成分为深灰色薄层致密灰岩及灰白色石膏层，局部底部有灰紫色厚层石英细砾岩。

二叠系下岩组（P_a）：分布于大通山东北部、茶拉河西、曲龙水东等山间凹地中，成分为紫红色石英砂岩、硬砂质长石砂岩、粉砂岩，底部砾岩。

二叠系上统（P_b）：分布于大通山东北部、茶拉河西、曲龙水东等山间凹地中，成分为紫红色石英长石砂岩、石英砂岩、粉砂岩。

陆相三叠系主要分布于大通山东北部，在研究区内局部可见。

下岩组（T_a）：成分为灰白色厚层长石石英砂岩、石英长石砂岩夹灰黑色粉砂岩、暗紫

综合地层柱状剖面图

界	系	统	阶(组)	符号	柱状图	厚度(m)	岩性描述
新生界	第四系	全新统		Qh			冲积卵石、砂及亚砂土；冲洪积砂、砾、亚砂土及黏土；黄色风积细砂
		上更新统		Qp_3			冲积卵石、砂及亚砂土；冲洪积砂、砾、亚砂土及黏土；黄色状亚砂土、含碎石亚砂土、砾石层
		中更新统		Qp_2			灰色冰碛砾石及砂土
	第三系	中新统		N		>304	桔红色石英长石砂岩与同色砾岩或含砾粗砂岩互层，底部为砾岩
		渐新统		E		>350	紫红色砾岩、砂砾岩夹少量砂岩及粉砂岩
中生界	白垩系			K		>861	暗紫色中粒长石石英砂岩与同色细砂岩，含砾粗砂岩、砾岩互层
	侏罗系			J_3		>1704	上部为紫红色细砂岩与同色粉砂岩互层；下部为灰白、灰绿色粗、细、粉砂岩为主，夹含砾粗砂岩及钙质结核
				J_{1-2}		436	黄绿、灰黑、褐灰、黑色细砂岩，粉砂岩和泥岩，含菱铁矿结核及粗砂岩薄层。产煤四层和大量煤线
							——不整合——
	三叠系			T_c		>400	黄灰—黄绿色炭质页岩，粉砂岩，细粒长石石英砂岩及薄层煤线互层，近顶部有厚为0.6m的较稳定煤层
				T_b		248—667	灰绿色长石石英砂岩、粉砂岩、黏土岩夹炭质页岩和钙质砂岩，局部出现煤线和炭质页岩
				T_a		345—1145	灰白色厚层长石石英砂岩、石英长石砂岩夹灰黑色粉砂岩，暗紫红色不纯灰岩、黏土质板岩及钙质砂岩，底部有灰白色厚层砾岩或含砾粗砂岩
古生界	二叠系			P_b		38—1704	紫红色石英长石砂岩、石英砂岩、粉砂岩
				P_a		58—214	紫红色长石砂岩、硬砂质长石砂岩、粉砂岩，底部砾岩
							——不整合——
	石炭系			C_{1c}^b		165	深灰色薄层致密灰岩及灰白色石膏层，局部底部有灰紫色厚层石英细砾岩
							——不整合——
	奥陶系			O_{3k}^b		>1356	灰色厚层灰岩、千枚状板岩、长石砂岩，顶部为凝灰质板岩夹灰英岩、安山岩、火山角砾岩、凝灰岩
	寒武系			∈		>3039	灰绿、暗绿色玄武岩、安山岩、火山角砾岩夹凝灰质砂岩、黏板岩、条带状硅质岩及灰岩透镜体
震旦亚界	青白口系			Z_q		957	上部灰—灰黑色粉砂质板岩夹石英砂岩、灰岩，紫红色粉砂质石英砂岩。下部暗紫色不等粒变质砾岩
	蓟县系			Z_j		>2814	灰—灰黑色灰岩、燧石条带灰岩、结晶灰岩、白云岩、鲕状白云岩夹钙质板岩，含铁黏土质长石硬砂岩，底部棕灰色白云质石英砾岩
	长城系			Z_c^c		>1519	深灰色、黑黑色板岩，粉砂质板岩夹灰色石英砂岩及含粉砂、黏土质白云质灰岩
				Z_c^b		>24	灰白色石英岩
				Z_c^a		>760	上部灰—灰黄色变砂岩夹石英岩及少量千枚状板岩。下部为深灰—黑色千枚状粉砂质板岩、变砂岩夹石英岩透镜体
							——断层——
前震旦亚界				AnZ		>5782	黑云角闪长斜片麻岩、角闪长石片麻岩、黑云斜片片麻岩、斜长黑云片片岩、角闪黑云片片岩、角闪石英片岩、角闪变粒岩、黑云变粒岩夹大理岩透镜体

图 3.1　研究区综合地层柱状剖面图

红色不纯灰岩、黏土质板岩及钙质砂岩。底部有灰白色厚层砾岩或含砾粗砂岩。

中岩组（T_b）：成分为灰绿色长石石英砂岩、粉砂岩、黏土岩夹砂质灰岩和钙质砂岩，局部出现煤线和炭质页岩。

上岩组（T_c）：成分为黄灰—黄绿色炭质页岩、粉砂岩、细粒长石砂岩及薄层煤线互层，近顶部有厚为0.6m的较稳定煤层。

侏罗系中下统（J_{1-2}）：主要分布于大通山北坡及热水煤矿附近，成分为黄绿、灰黑、褐灰、黑色细砂岩，粉砂岩和泥岩，含菱铁矿结核及粗砂岩薄层，并有4层煤层和大量煤线。

侏罗系上统（J_3）：主要分布于大通山北坡，成分上部为紫红色细砂岩与同色粉细砂岩互层；下部为灰白、灰绿色粗、细、粉砂岩为主，夹含砾粗砂岩及钙质结核。

白垩系（K）：零星分布于大通河北岸，成分为暗紫色中粒长石石英砂岩与同色细砾岩、含砾粗砂岩、砾岩互层。

古近系（E）红色字描述的地层加在综合柱状图里：

（1）古近统祁家川组（E_1）共分四段：

第一段岩性下部棕红色泥岩夹灰黑色、灰色泥岩及石膏质泥岩。底部有厚0.3~2m灰白色砂岩。上部红棕色泥岩夹灰色、灰绿色和黄绿色泥岩、泥质石膏，含肉红色石膏团块。第二段岩性为灰黑色石膏、泥质石膏。第三段岩性为棕褐色、深灰色泥岩及少量灰黑色薄层石膏夹少量泥灰岩，石膏含炭屑。第四段灰白色、灰色泥质石膏夹少量灰、黄色泥灰岩。

（2）始新统洪沟组（E_2）共分三段：

第一段岩性为杂色泥岩夹少量泥灰岩。第二段为棕红色泥岩与黄棕色细砂岩互层，其土部夹绿色泥质石膏岩。第三段为棕红色泥岩，杂色泥岩、灰白色泥质石膏岩和黄灰色薄层泥灰岩不等厚互层。

（3）渐新统马哈拉沟组（E_3）

岩性为灰白色泥质石膏与棕红色、浅褐色和灰绿色泥岩不等厚互层。

新近系（N）：

（1）中新统谢家组（N_1）可分为四段：

第四段岩性为棕黄色块状含粉砂钙质泥岩，中上部夹棕灰色砂砾岩小扁豆体，中下部夹浅棕灰色泥质粉砂岩条带。第三段岩性为褐灰色巨厚层状含砾砂岩、砂砾岩。第二段岩性为棕黄色巨厚层状含粉砂泥岩，上部夹褐灰色细粒石英砂岩。第一段岩性为棕黄色至红棕色块状含粉砂至粉砂质泥岩与红棕色、绿灰色厚层至巨厚层状泥质石膏岩不等厚互层。

（2）中新统车头沟组（N_1）可分为二段：

第二段岩性为黄棕色块状含粉砂钙质泥岩夹同色粉砂质泥岩及石膏质泥岩。第一段岩性为棕灰色薄至中层状细粒石膏质石英砂岩与黄棕色块状含钙粉砂质泥岩不等厚互层夹泥质粉砂岩，底部为棕灰色中层状含细砾石膏质石英砂岩。

（3）中新统咸水河组（N_1）可分为四段：

第四段岩性为棕红色、红棕色巨厚层状粉砂质泥岩，底部棕黄色巨厚层状粉砂质泥岩，裂隙中见晶簇状和纤维状石膏。第三段岩性为褐黄色厚层状砾岩。第二段岩性为棕黄色块状含钙粉砂质泥岩与棕黄至土黄色巨厚层状钙质泥岩略等厚至不等厚互层，夹褐黄色巨厚层状泥质粉砂岩（含少量石英细砾石）。裂隙中见晶簇状和纤维状石膏。第一段岩性为褐灰色、灰白色、青灰色中至厚层状砾岩、砂砾岩与灰白色中至厚层含砾砂岩等厚至略等厚互层。

（4）上新统临夏组（N_2）可分为二段：

第二段岩性主体为一套砾岩和巨砾岩夹粗砂岩，其下部砾岩不但砾石巨大，而且分选磨圆差、成分混杂，为一套山前洪积扇堆积。第一段岩性主要为紫红色砂泥岩沉积，砂岩中多发育有平行层理和交错层理，泥岩具水平层理，为一套河湖相沉积。

3.1.2　第四系地层

第四系在日月山地区广泛出露，缺失下更新统。

（1）中更新统（Qp_2）：

岩性下部为黄灰色、灰黄色细砂，粉砂夹砾石；上部灰色、灰黑色、灰绿色、浅灰红色砾石，钙质、砂泥质胶结，坚硬，夹1~2m不稳定砂层、黏土层。厚度30~50m。

（2）上更新统（Qp_3）乐都组：

岩性主要为疏松黄土状壤土夹砂砾石层。本组下部冰碛为黄灰色砂砾层，厚约10~30m。上部黄土在西北地区泛称"马兰黄土"。粒度细且均匀，厚度10~20m。

（3）全新统（Qh）：

本区全新统冲积物组成黄河和湟水河流域低级阶地，多为青灰、灰黄色黏土或砂砾，上覆黄土状土，厚度大于20m。成因多种，主要有以下几种类型：

冲积层：构成河漫滩及Ⅰ、Ⅱ级阶地。由灰、灰黄、灰褐色黏质砂土，砂质黏土，砂砾石层组成，厚度为1~20m。

洪积层：分布在山前台地、洪积扇及沟谷中，由成分复杂、砾径大小不一、磨圆度极差的砾石层构成。厚度为2~35m。

残积、坡积、重力堆积：在山麓地带，有少量残积、坡积层分布，主要由碎石、块石、砂土等组成，厚度变化大。重力滑塌堆积主要分布在黄土梁、峁等地貌单元，基岩山地亦有少量残积、坡积层，主要由碎石、块石、砂土等组成，厚度变化大。

3.2　地貌特征

3.2.1　区域地貌特征

青藏高原东北缘发育三级夷平面。第Ⅰ级夷平面形成于古近纪，于渐新世至中新世早期被抬升；第Ⅱ级夷平面形成于新近纪，于上新世末至早更新世初被抬升；第Ⅲ级夷平面形成于早更新世至中更新世，中更新世晚期被抬升。第Ⅰ级夷平面西部海拔4000~4400m，东部降至2600~2800m，地貌形态一般表现为连续峰顶面，西北祁连山区和西南西倾山等地发育现代冰川。第Ⅱ级夷平面从西部海拔3500~4000m到东部降至2200~2400m，地貌形态表现为次一级的峰顶面，山麓缓坡或壮年期宽谷，其上常有黄色。第Ⅲ级夷平面从西部海拔2800~3000m到东部降至1400~1600m，地貌形态表现为山间盆地的低丘和红层顶峰面或山麓平地，夷平面上堆积更新世冰期的冰碛和冰水沉积物，或是河流冲积物或黄土。区内夷平面的展布方向严格受区域构造线方向和宏观地貌控制，特别是第Ⅰ、Ⅱ级夷平面更为明显，它们的展布与北西西向的区域构造线一致。但第Ⅲ级夷平面则与区域构造线方向斜交甚至正交，也与Ⅰ、Ⅱ级夷平面斜交，它除受北西西向区域构造制约外，还受到北北西向构造线制约，这在祁连山东段和陇中盆地都有极为清晰的显示。它控制了古近纪与新近纪，特别是新近纪的沉积。因此，北北西向构造是一个成生较晚的构造，地貌显示清晰，自西而东发育有两条北北西向地貌阶梯带：榆木山—日月山北北西向地貌阶梯带；武威—岷县北北西向地貌阶梯带。各地貌阶梯带均西高东低，同级夷平面高差分别为 900~1600 和 500~800m。青藏高原东北缘东部在南北方向上还存在一条近东西方向延伸的地貌阶梯带——西秦岭地貌阶梯带，该阶梯带南高北低，南部为近东西向的西秦岭山地，北部为陇中黄土高原，两者比差达 1000~1500m。

上述地貌阶梯带是垂直差异运动显著的地带，历史上多次发生中强以上地震。

3.2.2　日月山地区地貌特征

日月山地区地貌单元主要划分为高山区（日月山、大通山和托勒山）、山前冲洪积扇、河流沟谷盆地（大通河、哈尔盖河、茶拉河、青海湖盆地、德州盆地、西宁盆地和海晏盆地）和台地四种地貌类型（图 3.2 至图 3.7）。

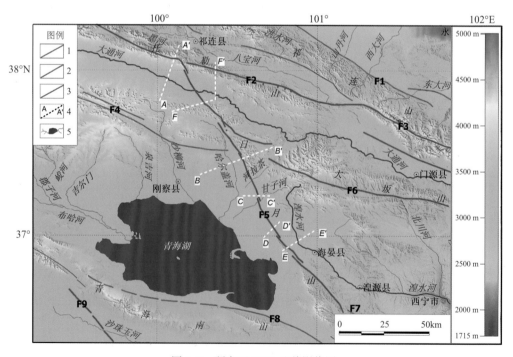

图 3.2　研究区 DEM 地貌影像图

1. 全新世活动断层；2. 晚更新世活动断层；3. 第四纪早期活动断层；4. 地形剖面位置；5. 湖泊水系

F1. 民乐—大马营断裂；F2. 托勒山断裂；F3. 冷龙岭断裂；F4. 大雪山—疏勒南山断裂；F5. 日月山断裂；

F6. 达坂山断裂；F7. 拉脊山断裂带；F8. 青海南山北缘断裂；F9. 哇玉香卡—拉干断裂

从位置：37°49′6.3424″N，100°04′23.7283″E　　　　　　到位置：38°01′58.1933″N，100°12′3.6395″E

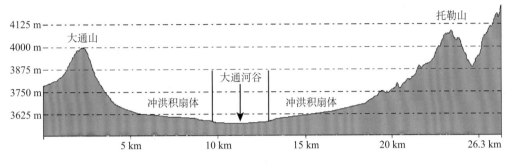

图 3.3　A—A' 大通河地形剖面图

从位置：37°21′28.1629″N，100°14′52.1069″E　　　　　　到位置：37°23′55.1345″N，100°45′0.7573″E

图 3.4　B—B' 哈尔盖河地形剖面图

从位置：37°16′31.9424″N，100°37′3.2941″E　　　　　　到位置：37°16′39.0521″N，100°40′43.6959″E

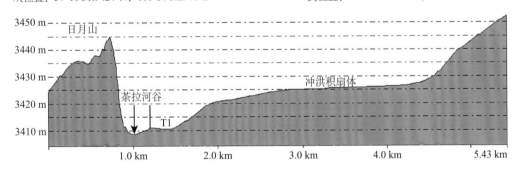

图 3.5　C—C' 茶拉河地形剖面图

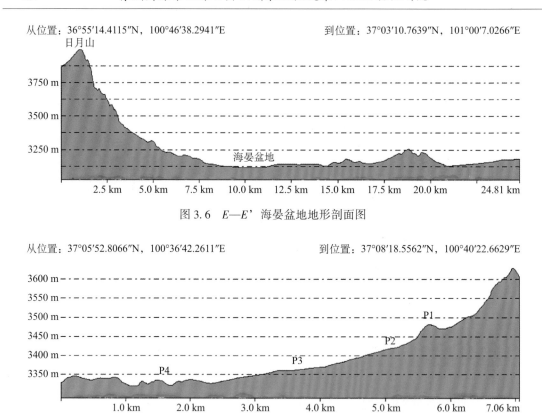

图 3.6 E—E' 海晏盆地地形剖面图

图 3.7 D—D' 山前台地地形剖面图

1. 高山区

日月山地区属于祁连山东段强烈上升高山区，该区内涉及冷龙岭、大通山、大阪山、拉脊山、日月山等，山体走向北西西向，海拔 3500m 以上，最高山峰为冷龙岭，海拔 5254m，属强烈上升高山区。山势陡峻，沟谷深切，山体多南陡北缓，与河西走廊比差达 2000m 左右，与南侧山间盆地比差为 1000m。河流多与山体走向平行，横穿山体出山口附近常形成跌水嶂谷，从而形成格子状水系，主要河流有大通河、湟水等。

区内广泛发育三级夷平面，呈北西西向和北北西向。由于各山体上升幅度不同，使同级夷平面分布高度不同。II 级夷平面分布高程明显反映各山体第四纪以来垂直上升速度的差异（表 3.1）。

表 3.1 各山体第四纪以来上升速率

山脉名称	II 级夷平面平均高度/m	上升总幅度/m	平均上升速率/（mm/a）
冷龙岭	3000	2800～3000	1.12～1.28
大阪山	3700	3600～3800	1.44～1.52
拉脊山	3250	3200～3300	1.28～1.32
青海南山	3900	3800～4000	1.52～1.60

日月山地区主要有日月山、大通山和托勒山（图 3.8），剖面位置见图 3.2。

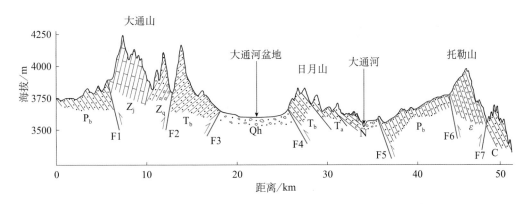

图 3.8　F—F' 高山区地层剖面图

F1. 大通河南缘断裂；F2. 大通河中央断裂；F3. 大通河北缘断裂；F4. 日月山断裂；

F5. 托勒山南断裂；F6. 托勒山北断裂；F7. 天宝河西断裂

日月山属祁连山脉，走向 NW，长 90 多千米，海拔最高 4877m，为青海湖盆地的东边界（图 3.9）。

图 3.9　日月山地貌图（镜向 SE）

大通山属祁连山脉东支，走向 NW。西北起于察汗鄂博图岭，东南止于卡当山，向东南延伸为达坂山（图 3.10）。长 300km，宽 50~60km。平均海拔 3000~3500m，最高峰桑斯扎峰海拔 4755m。

托勒山属祁连山脉中段支脉。走向 NW，西北起于昌马盆地东缘，东南至门源盆地西端大梁（图 3.11）。长 280km，宽 20km。平均海拔 4500m，最高峰 5159m，与日月山断裂带北边界斜接。

2. 冲洪积扇

研究区内冲洪积扇体广泛发育，通过对日月山地区沿断裂两侧 5km 范围的填图结果，划分出了两期冲洪积扇。在热水山前两期冲洪积扇体（图 3.12、图 3.13）f1、f2 上采集 OSL 样品，对其形成年代进行了限定。

图 3.10　大通山地貌图（镜向 SW）

图 3.11　托勒山地貌图（镜向 NW）

在最早一期的冲洪积扇体（f1）上开挖探坑，探坑自上而下揭示 2 套地层（图 3.12），分别为：①坡积层，厚约 80cm，层内含砾径 5～35cm 的砾石，砾石分选性一般，以次棱角状居多；②含砾细砂层，层厚约 100cm，砾石砾径 1～10cm，磨圆度较好，未见底，在细砂层中部取得光释光样品 DTH-08，采样深度为 1.2m，测年结果为 19.5±0.8ka。

在最新一期的冲洪积扇体（f2）上开挖探坑，探坑自上而下揭示 3 套地层（图 3.12），分别为：①表土层，厚约 8cm，灰黑色，植物根系发育；②洪积角砾层，层厚约 50cm，砾石砾径 2～10cm，分选、磨圆度差，呈棱角、次棱角状；③细砾层，厚约 55cm，偶见 5～6cm 砾石，未见底，层内含土黄色粉细砂透镜体，在粉细砂透镜体中部取得光释光样品 DTH-12，采样深度为 83cm，测年结果为 3.6±0.1ka；在粉细砂透镜体④中部取得光释光样品 DH-12，采样深度为 83cm，测年结果为 3.6±0.1ka。

3. 河流阶地

研究区内共发育了三条比较大的河流，分别为大通河、哈尔盖河和茶拉河，在大通河、哈尔盖河和茶拉河进行了野外河流阶地剖面的 RTK 测量和取样。

1）大通河阶地

大通河河道为辫状河道，宽约 600m，河谷呈 U 形，走向 SW。野外调查认为大通河发育 4 级阶地（图 3.14），对大通河左岸河流阶地进行了 RTK 测量（图 3.15）。

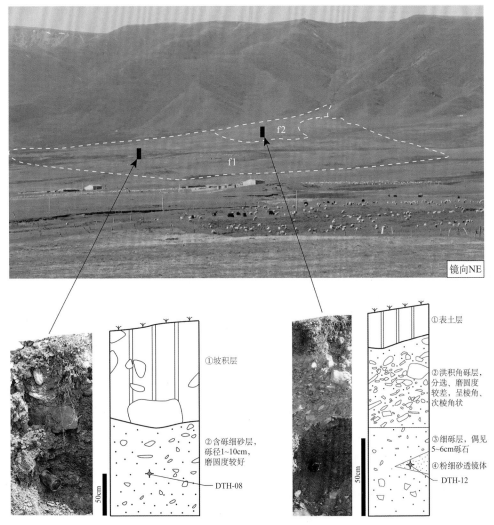

图 3.12　冲洪积扇体剖面

图 3.13　山前不同期冲洪积扇体（镜向 NW）

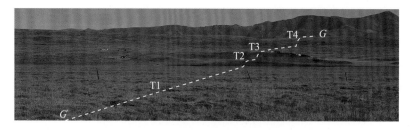

图 3.14　大通河阶地地貌图（镜向 NE）

G—G' 为 RTK 剖面测量位置

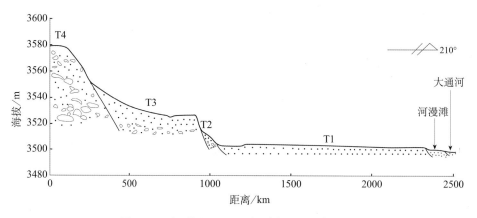

图 3.15　大通河 G—G' 阶地剖面 RTK 实测图

　　野外调查认为，T1 阶地阶地面平坦，海拔高度为 3502.79m，拔河为 3.15m。T1 阶地划分为 7 套地层（图 3.16），自上而下分别为：

图 3.16　大通河 T1 阶地剖面图（镜向 NW）

　　①腐质层，厚约 30cm，灰黑色，植物根系较为发育。

　　②黏土层，层厚约 30cm 左右，淡黄色。

③细砂砾石层，厚约10cm，土黄色，砾石分选一般，磨圆度较好，以次圆状居多。

④粉细砂层，厚约15cm，淡黄色。

⑤细砂砾石层，厚50cm，砾石分选一般，磨圆度较好，以次圆状居多。

⑥粉细砂层，约10cm厚，在粉细砂层中部取得光释光样品DTH-NC-01，采样深度为1.25m，测年结果为29430±150a B. P. 。

⑦黑色淤泥层，未见底。

T2阶地面海拔高度为3511.00m，拔河高度为11.37m，阶地划分为3套地层（图3.17），自上而下分别为：

①腐殖层，灰褐色，层厚约15cm，层内有较多的植物根系。

②细砂层，土黄色，偶含砾，砾石砾径2~8cm，层厚45cm，在细砂层下部取得光释光样品DTH-16，采样深度为0.5m，测年结果为11.6±0.2ka。

③砂砾石层，砾径2~20cm，砾石分选、磨圆度较好，呈圆状、次圆状，未见底。

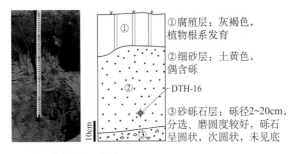

图 3.17　大通河 T2 阶地剖面图（镜向 NW）

T3阶地面海拔高度为3526.04m，拔河高度为26.40m，野外调查出露9套地层（图3.18），自上而下分别为：

图 3.18　大通河 T3 阶地剖面图（镜向 NW）

①腐殖层，灰黑色，层厚约5cm，层内有较多的植物根系。

②含砾细砂层，土黄色，砾石砾径2~3cm，层厚70cm。

③粉细砂层，土黄色。

④含砾细砂层，土黄色，砾石砾径2~3cm，层厚40cm。

⑤含砾粗砂层，土黄色，砾径2~4cm。

⑥粉细砂层，土黄色，层厚20cm，在粉细砂层中部取得光释光样品DTH-15，采样深度为1.4m，测年结果为137±6ka。

⑦含砾细砂层，土黄色，砾石砾径2~3cm，层厚15cm。

⑧粉细砂层，土黄色，层厚8cm。

⑨含砾细砂层：土黄色，砾石砾径2~3cm，层厚60cm，未见底。

T4阶地面海拔高度3578.97m，拔河高度约79.34m，野外调查出露5层（图3.19），自上而下分别为：

①坡积层，厚约25cm，层内含砾石，砾径2~5cm，植物根系发育。

②灰白色砂砾石层，砾径0.5~5cm左右，层厚5cm。

③细砾层，砾石有定向排列，砾径1~10cm，层厚约75cm。

④红褐色细砾层，砾径0.5~7cm不等，层厚15cm。

⑤灰白色砾石层，含粉细砂透镜体，在粉细砂透镜体中取得光释光样品DTH-14，采样深度为2.3m，测年结果为157±7ka，胶结程度中等，分选性一般，磨圆度较好，以圆状、次圆状居多，未见底。

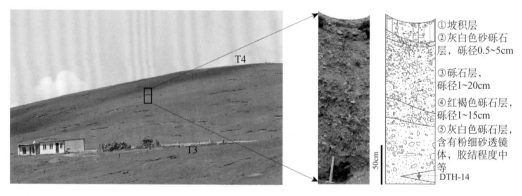

图3.19　大通河T4阶地剖面图（镜向NW）

2）哈尔盖河阶地

哈尔盖河近平行于日月山断裂发育，河道宽约120m，河谷呈U形，自北往南流入青海湖，野外调查发现，河道两侧共发育2级阶地（图3.20、图3.21）。

T1阶地海拔高度3298.09m，拔河高度约1.59m，野外调查出露3层（图3.22），自上而下分别为：

①腐殖层，灰黑色，厚约10cm，植物根系发育。

②中细砂层，土黄色，层厚约25cm，在中细砂层上部粉细砂透镜体中取得光释光样品

图 3.20　哈尔盖河阶地地貌图（镜向 NE）

H—H' 为 RTK 剖面测量位置

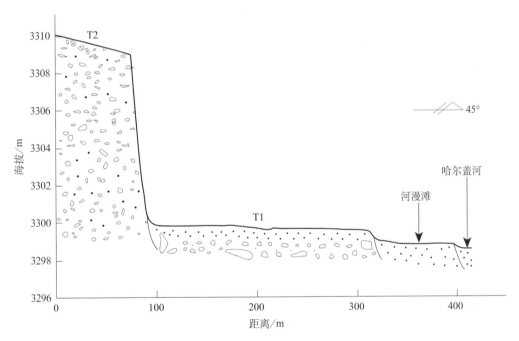

图 3.21　哈尔盖河 *H—H'* 阶地剖面 RTK 实测图

图 3.22　哈尔盖河 T1 阶地剖面图（镜向 NE）

RS-22，采样深度为 0.2m，测年结果为 1.3±0.1ka。

③砂砾石层，青灰色，砾径以 2~5cm 为主，偶见 10~15cm 砾石，分选性一般，磨圆度较好，以圆状、次圆状居多，未见底。

T2 阶地海拔高度 3309.35m，拔河高度约 12.85m，野外调查出露 3 层（图 3.23），自上而下分别为：

①黄土层，厚约 60cm，发育植物根系。

②细砾层，灰白色，厚约 3m，砾径以 0.3~5cm 为主，分选、磨圆度均较好，砾石以圆状、次圆状居多。

③粉细砂层，土黄色，厚约 10cm，在粉细砂层中部取得光释光样品 RS-06，采样深度为 2.4m，测年结果为 53.9±2.2ka。

图 3.23　哈尔盖河 T2 阶地剖面图（镜向 SW）

4. 茶拉河阶地

茶拉河位于热水段与海晏段之间的拉分区内，自北向南流动，共发育 3 级阶地（图 3.24）。

野外地质调查认为，茶拉河 T1 阶地海拔为 3604.58m，拔河高度为 1.41m，T1 阶地剖面分为 5 层（图 3.26），自上而下分别为：

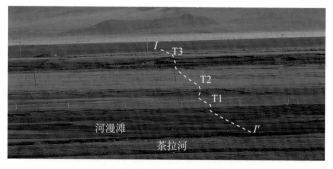

图 3.24　茶拉河阶地地貌图（镜向：NEE）

I—I' 为 RTK 剖面测量位置

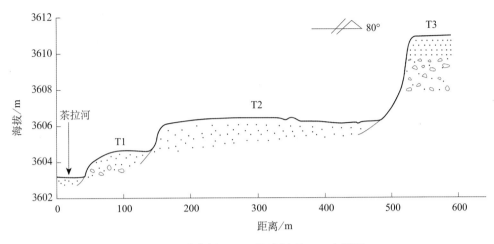

图 3.25 茶拉河 I—I' 阶地剖面 RTK 实测图

①腐殖层，灰黑色，厚约 10cm，发育植物根系。

②黏土层，灰褐色，含植物根系，层厚 23cm。

③含砾粗砂层，砖红色，砾径 1~3cm，分选一般、磨圆度较好，厚 5cm 左右。

④粉细砂层，青灰色，厚约 10cm，在粉细砂层中部取得光释光样品 RS-17，采样深度为 0.40m，测年结果为 0.1±0.01ka。

⑤中砾层，青灰色，砾径以 1~2cm 为主，偶见 4~5cm 砾石，分选、磨圆度较好，砾石呈圆状、次圆状，未见底。

图 3.26 茶拉河 T1 阶地剖面图 (镜向 NW)

茶拉河 T2 阶地海拔为 3606.30m，拔河高度为 3.13m，T2 阶地剖面分为 3 层（图 3.27），自上而下分别为：

①腐殖层，灰黑色，植物根系发育，层厚 15cm。

②黏土层，灰褐色，含少量植物根系，层厚 35cm。

③粉细砂层，土黄色，在粉细砂层中部取得光释光样品 RS-18，采样深度为 0.60m，测年结果为 13.7±0.9ka，未见底。

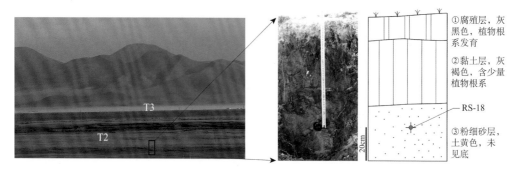

图 3.27　茶拉河 T2 阶地剖面图（镜向 NEE）

茶拉河 T3 阶地海拔为 3610.94m，拔河高度为 7.77m，T3 阶地划分为 5 套地层（图 3.28），自上而下分别为：

①腐殖层，灰褐色，植物根系发育，层厚 30cm。

②淤泥质黏土层，灰黑色，层厚 10cm。

③黏土层，土黄色，下部含砾，砾径 1~4cm，分选一般、磨圆度较好，层厚约 1.2m。

④细砂层，黄褐色，在细砂层中部取得光释光样品 RS-19，采样深度为 2.1m，测年结果为 15.7±0.7ka。

⑤砾石层，灰白色，砾径 1~25cm，分选一般、磨圆度较好，呈圆状、次圆状，胶结程度一般，未见底。

图 3.28　茶拉河 T3 阶地剖面图（镜向 SE）

5. 盆地

1）青海湖盆地

青海湖盆地属于构造单元三接点断陷盆地，位于南祁连早古生代裂陷槽、青海南山晚古生代—中生代复合裂陷槽和中祁连地块这 3 个构造单元的交会部位。盆地北缘和东缘主要受中祁连南缘断裂带和日月山强烈隆起带的控制，南缘主要受宗务隆山—青海南山大断裂带和青海南山隆起带的控制，西缘最复杂，主要控制因素是 SN 向的黑马河—达日断裂带和布哈河—倒淌河断裂带，西缘呈 SN 向展布的面貌主要受前者控制。盆地总体上具掀斜构造特征，向东南倾斜。盆地呈面状产出，长宽近似，盆地与四周山地均呈超覆关系。盆地内主要由第四系组成，盆地成熟于第四纪。

2）海晏、德州盆地

大通河、海晏、德州盆地为发育于祁连褶皱带内的中新生代盆地，盆地内部新生代地层倾斜变形，伴随有断裂活动；其边缘受日月山断裂控制。中生代受印支运动的影响，盆地边缘断裂活动加剧，盆地局部开始沉降并接受沉积。新生代以来，盆地进一步发展，古近纪盆地完全形成，接受大量的古近系和新近系沉积，新近纪末—第四纪初，受喜马拉雅运动的强烈影响，盆地内部的古近系和新近系发生了变形，盆地整体抬升，遭受剥蚀和夷平。中更新世以来，盆地在间歇性隆升的背景下，发生了次级断块间的剪切走滑和垂直差异运动，这一时期形成了盆地内大通河、茶拉河和哈尔盖河 T1—T4 级阶地堆积。

6. 台地

通过野外地质调查认为研究区台地划分为两类，一类为日月山断裂不同时期的逆冲作用在日月山山前形成的台地面；另一类为盆地遭受侵蚀而残留的古盆地面。

海晏段北段德州村北山前发育 4 级台地（图 3.29），3 条平行展布的断层控制了台地的发育，经野外 RTK 测量，T1 台地海拔高度约 3540m，拔河高度为 100m；T2 台地海拔高度3460m，拔河高度为 54m；T3 台地海拔高度约 3420m，拔河高度为 35m；T4 台地海拔高度约 3393m，拔河高度为 8m（图 3.30，表 3.2）。

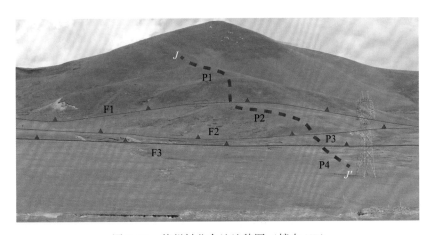

图 3.29　德州村北台地地貌图（镜向 NE）

在达玉村北，原子城附近，经过野外地质调查发现，在日月山山前第三系紫红色砂岩受日月山断裂逆冲挤压活动褶皱变形，经后期的地貌侵蚀形成一系列的山梁（图 3.31），走向NE，野外沿地层出露较好的山梁利用 RTK 实测了一条地形剖面 $K—K'$（图 3.32，位置见图3.31），剖面显示断层活动在日月山和山前花岗岩台地之间形成了一个槽谷，槽谷宽 500m，长 11.2km。

山前灰白色花岗岩为中粗粒花岗结构、块状构造（图 3.34a），花岗岩台地海拔 3402m，拔河高度 40m。垂直于山前第三系紫红色砂岩形成的山梁方向，在 DEM（1∶5 万）影像上横跨山梁绘制出一条该山梁的横剖面 $L—L'$，从剖面中可以看出这一系列山梁平均海拔约3310m，拔河高度约 25m（图 3.32）。

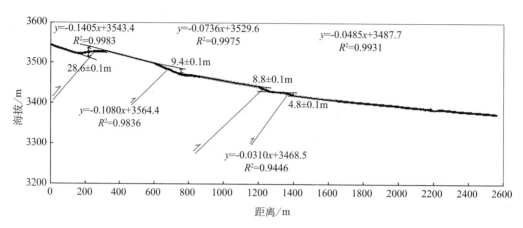

图 3.30 野外实测断层台地 J—J' 剖面图

表 3.2 台地面高度计算参数

测线名称	断层	断层下、上盘趋近点	断层下盘斜率	断层上盘斜率	断层下盘截距	断层上盘截距	垂直最小、最大位错量	垂直位错量平均值
J—J'	F4	1407.9839	0.0517	0.0310	3432.7000	3468.5000	0.4000	31.6011
		1343.097	0.0517	0.0310	3432.7000	3468.5000	63.6021	
	F3	1264.8631	0.0310	0.0736	3468.5000	3529.6000	0.4000	5.0106
		1189.6453	0.0310	0.0736	3468.5000	3529.6000	10.4211	
	F2	877.6453	0.0736	0.1080	3529.6000	3564.4000	0.4000	6.9041
		598.6007	0.0736	0.1080	3529.6000	3564.4000	14.2081	
	F1	328.1593	0.1080	0.1405	3564.4000	3543.4000	0.4000	13.0471
		144.4357	0.1080	0.1405	3564.4000	3543.4000	25.6942	

在德州盆地的东北缘是 NNW 向的日月山，海拔高度为 3701m，在盆地的中部，德州村北出露盆地遭侵蚀后残留的灰白色花岗岩体的山梁（图 3.35），垂直于该山梁在 DEM（1∶5 万）影像上绘制出一条剖面 M—M'（图 3.36），从该剖面中可以看出该山梁走向 NW，长 1.73km，宽 500m，海拔 3430m，拔河高度 173.2m（图 3.37）。灰白色花岗岩为中、粗粒花岗结构，块状构造（图 3.37a）。

通过区域对比，德州盆地德州村北的花岗岩体山梁与海晏盆地达玉村北的花岗岩台地，均为灰白色花岗岩为中、粗粒花岗结构，海拔为 3402~3405m，因此推测德州盆地和海晏盆地的花岗岩台地面是同一时期形成的古盆地面。

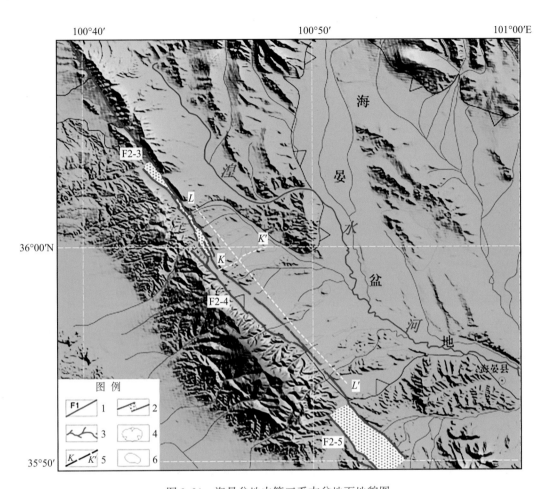

图 3.31　海晏盆地内第三系古盆地面地貌图

1. 断层；2. 拉分区；3. 水系；4. 盆地；5. 地形剖面位置；6. 第三纪台地面

从位置：37°01′46.3103″N，100°45′10.1363″E　　　　到位置：36°53′53.0802″N，100°51′53.2583″E

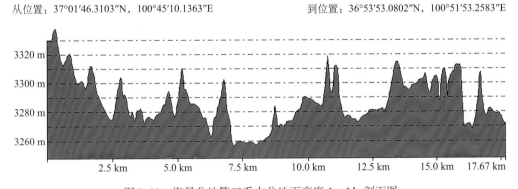

图 3.32　海晏盆地第三系古盆地面高度 L—L′剖面图

图 3.33　达玉村北第三系古盆地面地貌图

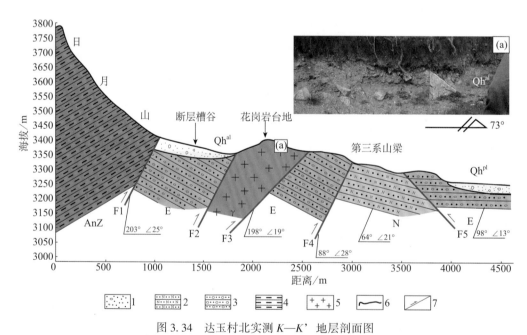

图 3.34　达玉村北实测 *K—K*' 地层剖面图

1. 全新世冲洪积物；2. 新近系橘黄色石英长石砂岩；3. 古近系紫红色砂岩
4. 前震旦亚界板岩；5. 花岗岩；6. 地质界线；7. 逆冲断层

图 3.35　德州盆地花岗岩台地地貌图（镜向 SE）

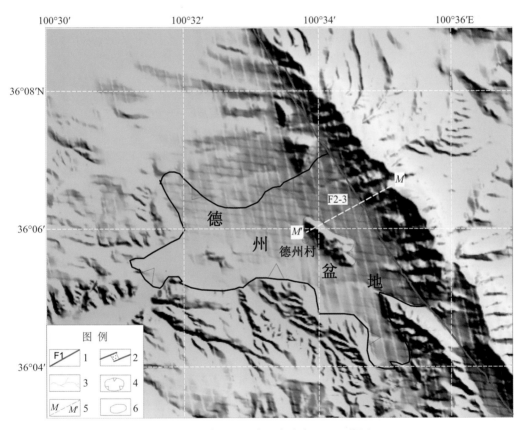

图 3.36　德州盆地内花岗岩台地面地貌图

1. 断层；2. 拉分区；3. 水系；4. 盆地；5. 地形剖面位置；6. 花岗岩台地

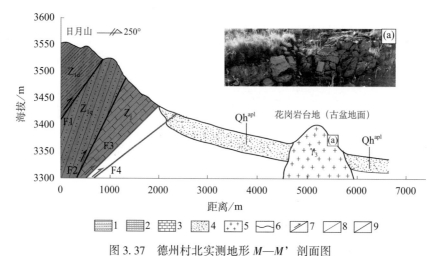

图 3.37　德州村北实测地形 $M—M'$ 剖面图

1. 板岩、变砂岩；2. 砂岩夹板岩；3. 灰岩；4. 砂砾石层；5. 花岗岩
6. 地形剖面；7. 逆冲断层；8. 全新世断层；9. 早—中更新世断层

3.3　日月山地区地貌参数所反映的地貌特征

利用 SRTM（30m）的 DEM 提取日月山地区的地貌参数，数据选取范围见图 3.38。从提取的高程剖面（图 3.38a）和日月山坡度分布图（图 3.38b）中可以看出，坡度呈两边高中间低的趋势，这和 K_sn 的分布也一致，高程（最大值、平均值和最小值）的变化趋势均呈现两边高，中间低的形态（图 3.39），高程分布不均匀，最高值位于日月山最南段约为 4600m，其次为北段，中段高程值最低，呈现明显的三段分段趋势。日月山北段南部处在活动构造较为强烈的构造转换区，西与近东西向的青海南山连接，东与拉脊山断裂连接，是青藏高原东北缘内部书斜构造的构造转换部位。

利用河流水力侵蚀模型中 $K_s = (U/K) \times 1/n$ 的原理计算每青海南山南北两侧多条河流每一个河段的 K_s 值，并取国际通用数值 0.45 得到 K_sn，使得各个河流不同河段可以相互对比，并将每一个 K_sn 值通过插值做成栅格形式并为其做条带状剖面分析，结果显示 K_sn 值与日月山搞成分布相对应，高值集中在日月山北段，其次是最南段，中段 K_sn 值显示下降趋势（图 3.40）。K_sn 的空间分布也与我们野外考察断裂活动性特征相对应。

图 3.41 为联立的日月山自北向南降水、岩性以及 K_sn 的最大值、最小值及平均值的变化趋势图。可以看出日月山区域降水自北向南呈现明显的增加趋势，南段降水较多，约为 460~550mm/a，而自中段到北段逐渐减小，中段最低，约为 420~460mm/a，北段略高，降水和高程的分布也有很好的对应关系。通常较高的降水量对应于较低的 K_s，然而日月山降水量分布趋势和 K_sn 的变化趋势一样，岩性和 K_sn 一一对应。因此，认为日月山地区的地貌特征受降水所代表的气候特征较小，研究区的地貌演化主要受构造活动的控制作用，高程所代表的构造特征可能对研究区局部的降水产生影响，因而降水的分布与高程的变化也是对应关系。

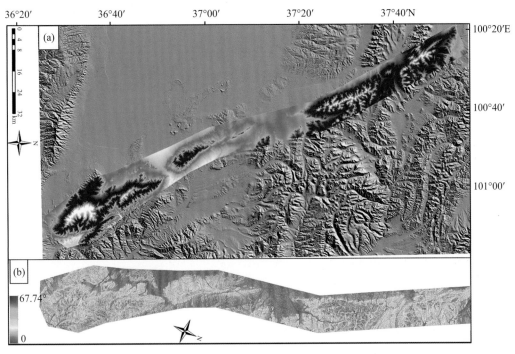

图 3.38 日月山地区 DEM 影像图

（a）日月山条带状高程提取剖面；（b）日月山坡度分布图

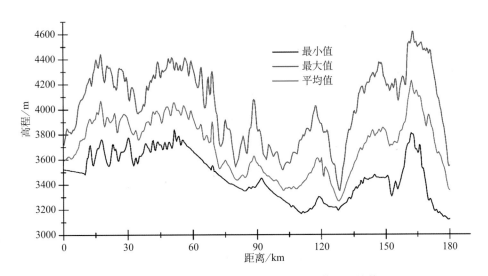

图 3.39 日月山高程剖面（最大值、最小值、平均值）

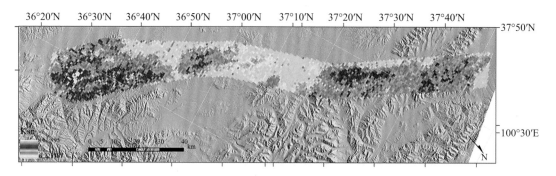

图 3.40　日月山河流陡峭系数空间分布

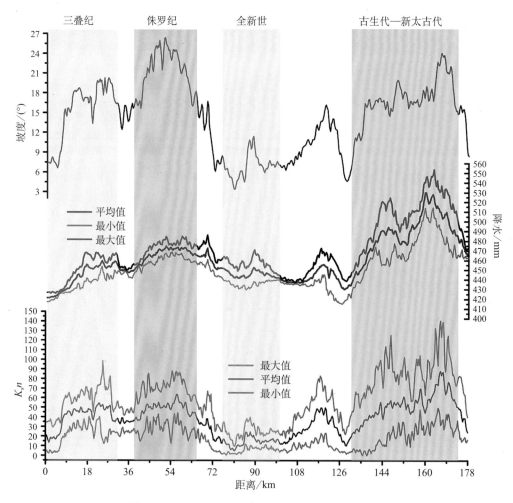

图 3.41　日月山岩性、降水和 $K_s n$ 变化趋势联立图

3.4　日月山及其周围第四纪时间标尺的建立

通过对日月山及其周围黄河和湟水河阶地形成年代的对比，限定日月山地区河流阶地的形成年代，建立该地区第四纪年代标尺，反映日月山地区第四纪沉积物的年代序列。

3.4.1　黄河阶地

黄河自西向东流经日月山的南部，黄河在贵德、尖扎和循化盆地多发育Ⅰ—Ⅳ级阶地。在循化县街子村附近可清楚地区分出4级阶地，由低到高分别高出河面5~10、15~20、70~90和120m左右。这4级阶地阶Ⅰ级阶地为堆积阶地外，其余均为基座阶地，上覆厚度不等的黄土（潘保田等，1996）。在大河家一带，对于Ⅱ级阶地 ^{14}C 测年结果为距今1.51~2.06万年，而热释光测年结果为距今3.7万年（国家地震局地壳应力研究所，1991）。

对黄河阶地的第四纪测年工作在兰州地区进行的比较详细，主要是利用热释光（TL）和光释光（OSL）进行测年，为了进行区域对比，现将其结果总结于表3.3。

表 3.3　兰州黄河阶地年代表

阶地分级	阶地形成年代/ka			
	兰州大学 （潘保田等，1996，2007； 朱俊杰等，1994）	张焜等 （2010）	兰州地震工程院 （2007）	王萍等 （2007）
T1	10		8~15.2	
T2	50~53		45	
T3	130~140	100	70~80	70
T4	560~800			

由表3.3可以看出，黄河Ⅰ级阶地年代为距今0.8~1.5万年，Ⅱ级阶地年代为距今4.5~5.3万年，Ⅲ级阶地年代为距今7~14万年，而Ⅳ级阶地年代为距今56~80万年。湟水河阶地区一般由河漫滩、Ⅰ、Ⅱ、Ⅲ、Ⅳ级阶地构成，Ⅱ、Ⅲ级阶地上往往分布有深度小于10m的下切冲沟，形成自然高边坡。阶地都具有二元结构，下部为冲积沙砾石层，上部为冲积成因的黄土状土及轻亚黏土。Ⅲ、Ⅳ级阶地后缘往往分布有坡、洪积含砾黄土。

3.4.2　湟水河阶地

湟水河发源于日月山地区，湟水河阶地区一般由河漫滩、Ⅰ、Ⅱ、Ⅲ、Ⅳ级阶地构成，Ⅱ、Ⅲ级阶地上往往分布有深度小于10m的下切冲沟，形成自然高边坡。阶地都具有二元结构，下部为冲积沙砾石层，上部为冲积成因的黄土状土及轻亚黏土。Ⅲ、Ⅳ级阶地后缘往往分布有坡、洪积含砾黄土。阶地特征见表3.4。

表 3.4　西宁盆地阶地特征研究历史一览表

阶地		兰州地震研究所		曾永年*		田勤俭*	
		拔河/m	年代/Ma	拔河/m	年代/Ma	拔河/m	年代/Ma
T1	基座高度		0.01	2	0.01	8~15	
	砾石层厚度					2~6	
	上覆黄土厚度			1		1~2	
T2	基座高度	30	0.05	10	0.05	26	0.05
	砾石层厚度					4.5	
	上覆黄土厚度	5~10		6			
T3	基座高度	70	0.14	40	0.12	87	0.24
	砾石层厚度					4	
	上覆黄土厚度			55~83		65~80	
T4	基座高度	130	0.38	120	0.54	135	
	砾石层厚度	10				6~8	
	上覆黄土厚度	70		100~130		70~90	
T5	基座高度	160	0.59	180	0.78	178	
	砾石层厚度	5.8				3~8	
	上覆黄土厚度	64		120~180		110~130	
T6	基座高度	210	1.1	260	1.19	231	
	砾石层厚度	10				4~7	
	上覆黄土厚度	60		240~260		60~70	
T7	基座高度	240	1.3			272	
	砾石层厚度	7~10				4~10	
	上覆黄土厚度	280				240~270	

注：＊用二元结构面高度表示

3.4.3　日月山地区河流阶地

　　日月山地区发育大通河、查尔盖河和茶拉河，这三条河流都发育在日月山的西麓，自西向东沿山前洪积扇体发育，最终自北向南汇入湟水河。其中大通河发育四级阶地，查尔盖河发育三级阶地，茶拉河规模比较小，发育两级阶地。利用差分 GPS 对这三条河流阶地和拔河高度进行了精准测量，对阶地取得了光释光年龄样品并获得了测年结果，见表 3.5，除大通河 T1 阶地测年结果为 29430±150a B.P.，可能是单一样品的测年存在误差，不可信外，日月山地区河流 T1 阶地拔河在 1.6~3.2m，其中大通河 T1 阶地为 3.2m，与茶拉河 T2 阶地相对应，推测茶拉河 T1 阶地为 T0，T2 阶地为 T1，形成年龄大约 1.3±0.1ka；T2 阶地拔河在 7.8~12.9m，海拔在 3511~3611m，形成年龄在 11.6±0.2 和 15.7±0.7ka 之间；哈尔盖河和茶拉河流域不发育 T3、T4 阶地，大通河 T3 阶地海拔 3526m，拔河 26.4m，形成年龄 137±6ka。T4 阶地海拔 3579m，拔河 79.3m，形成年龄 157±7ka。

表 3.5　研究区河流阶地对比

名称	T1			T2			T3			T4		
	海拔/ m	拔河/ m	年龄/ ka	海拔/ m	拔河/ m	年龄/ ka	海拔/ m	拔河/ m	年龄/ ka	海拔/ m	拔河/ m	年龄/ ka
大通河	3503	3.2	29430± 150a B.P.	3511	11.4	11.6±0.2	3526	26.4	137±6	3579	79.3	157±7
哈尔盖河	3298	1.6	1.3±0.1	3309	12.9	53.9±2.2						
茶拉河	3605	1.5	0.1±0.01	3606	3.1	13.7±0.9	3611	7.8	15.7±0.7			

根据实测的日月山地区 3 条河流阶地和两期冲洪积扇体的年龄数据，结合前人（袁道阳等，2003a；Yuan et al.，2011）的测年数据的区域对比，获得了日月山断裂第四纪以来的地貌时间标尺（表 3.6）。

通过与黄河和湟水河河流阶地的对比，日月山地区河流 T1 和 T2 级阶地相当于黄河和湟水河 T1 级阶地，可能是日月山地区局部气候和构造作用的影响，使得该地区河流下切，另形成一级阶地。大通河 T3 级阶地与黄河 T3 级阶地相对应。

表 3.6　日月山地区第四纪时间标尺

断裂段	测年方式	取样深度/m	实测年龄/（a B.P.）	地貌单元	备注
大通河段	OSL	1.1	11600±200	T2	实测
	OSL	1.4	137000±600	T3	
	OSL	2.3	157000±700	T4	
热水段	¹⁴C	0.8	3600±100	Fan1	
	OSL	1.2	19500±800	Fan2	
	OSL	0.2	1300±100	T1	
	¹⁴C	0.3	1620±50	T1	袁道阳等 （2003a） Yuan et al. （2011）
	OSL	0.6	13700±900	T2	
	TL	0.75	23800±1200	T2	
德州段	¹⁴C	0.5	2585±65	T1	
	¹⁴C	0.75	4840±65	T1	
	¹⁴C	0.8	2639±131	T1	
	¹⁴C	1.8	7057±110	T1	

断裂段	测年方式	取样深度/m	实测年龄/（a B. P.）	地貌单元	备注
海晏段	^{14}C	0.75	2605±115	T1	
	^{14}C	0.8	10053±135	T2	
	OSL	1.6	10900±1100	T2	
日月山段			4400±200	T1	

3.5　小结

据 1∶20 万地质图（10-47-22、10-47-23、10-47-29、10-47-30）成果并结合本项研究野外地质调查统计，日月山地区缺失志留系、泥盆系和石炭系上统地层，第四系缺失下更新统沉积层。

青藏高原东北缘发育三级夷平面。日月山地区地貌单元主要划分为高山区（日月山、大通山和托勒山）、山前冲洪积扇、河流沟谷盆地（大通河、哈尔盖河、茶拉河、青海湖盆地、德州盆地、西宁盆地和海晏盆地）和台地四种地貌类型。

日月山地区地貌参数反映出，日月山坡度呈两边高中间低的趋势，高程（最大值、平均值和最小值）的变化趋势均呈现两边高，中间低的形态，高程分布不均匀，最高值位于日月山最南段约为 4600m，其次为北段，中段高程值最低，呈现明显的三段分段趋势。日月山地区的地貌特征受降水所代表的气候特征较小，研究区的地貌演化主要受构造活动的控制作用，高程所代表的构造特征可能对研究区局部的降水产生影响，因而降水的分布与高程的变化也是对应关系。

日月山地区发育 3 条规模比较大的河流（大通河、查尔盖河和茶拉河），通过与黄河和湟水河河流阶地的对比，日月山地区河流 T1 和 T2 级阶地相当于黄河和湟水河 T1 级阶地，可能是日月山地区局部气候和构造作用的影响，使得该地区河流下切，另形成一级阶地。大通河 T3 级阶地与黄河 T3 级阶地相对应。

第四章　日月山断裂北段的活动性分段

4.1　活动断裂分段的原则

　　由于地质结构、应力状况及环境条件的不同，断层的活动往往呈现有明显的分段现象。不同段落的活动特征各异。一条断层的破裂活动是通过一个或多个独立破裂段的组合而完成的，故可以简单地说段是断层的破裂单元。断层分段就是对断层进行破裂单元的划分。对一条活断层的分段，包括了对断层不同段落的方位、连续性及其活动特点的识别。

　　根据断层的几何形态、结构特点将断层划分为若干段落的工作在许多巨大的断裂带上进行过，但早期的工作主要是对断层结构分段及长期活动性差异的分段。随着近年来对断层活动习性特别是古地震研究的深入，对断层分段这一概念赋予了许多新的认识和涵义。可以说，这一概念是在不断了解断层破裂的扩散过程及断层长期活动习性，特别是在古地震研究中对断层不同段落上地震事件的强度变化及复发情况的深入了解后逐渐得到的发展的。

　　简单地说，断层分段可概括有以下四种：

　　（1）断层形态的几何学分段：根据断层的分布排列等几何学特征进行的段落划分。

　　（2）断层的结构分段：包括根据断层带内及两盘岩性地层结构的特征进行的分段。

　　（3）断层的活动性分段：是根据断层长期活动性差异的分段。

　　（4）断层的破裂分段：是断层破裂状况的分段。

　　走滑断裂的几何分段标志包括断裂的交会、弯曲、阶区和断裂带的物质成分（丁国瑜等，1993；邓起东等，1995）。决定走滑断层的破裂转播特征及造成活动走滑断层分段的主要原因是沿断层走向分布的各种破裂障碍的存在，因而我们在对走滑断层进行分段研究时，可以通过寻找这些几何不均匀体及障碍体的位置来确定分段边界。根据它们的表现形式，可以分为以下几类：

　　（1）沿走向的断层弯曲：这里所指的断层走向弯曲是有一定规模和程度的，即弯曲角有一定的范围，一般来说弯曲角应在5°或10°到30°之间（圣安德烈斯断裂中中段与南中段、鲜水河断裂炉霍1973年地震破裂段的西北边界就有9°弯曲）。

　　（2）断层阶区：阶区是破裂段落的错列部位，一般宽度应大于5km。断层阶区对破裂的障碍效果取决于两相邻断层段的重叠量及分离量、断层段长度、滑动速率、岩性特征等多种因素，究竟多大尺度能阻止破裂传播，要视构造环境而定。

　　（3）断层带的分叉：它是指主活动断层在某处由两个以上的次级分支断层来代替，一般为呈爪状或树枝状。破裂位移在分叉处由次级断层共同承担而骤减，从而形成障碍。

　　（4）断层带的分离或空缺：它是指断层带的地表形迹在较长距离内的缺失。它们往往对应于深部的某个特殊物性层或地质构造体。

　　（5）断层带宽度的突然增加或减小。

（6）横向交截：它是指与主断层相交会的各种类型地质构造的存在，主要包括：断层、褶皱、盆地、隆起和火山群等。

（7）走滑断层上介质物性的差异往往也能构成障碍体。

各类构造阻止破裂传播的机制具有共同点，即它们以各自自身的变形来调整与吸收沿破裂发生的变形与位移。确定这类障碍体的主要方法是沿着走滑断层寻找滑动性质或速率出现异常变化的区域。

现有的研究表明（Kneupfer，1989），走滑断层的破裂终止点也即段落边界普遍具有位移性质由走滑变为倾滑的地方终止。

4.2　日月山断裂北段的分段标志

袁道阳等（2003a）通过卫星遥感解译和野外调查，根据不同断裂段之间的阶区将日月山断裂北段划分为 4 个次级断裂段。本次工作利用高分一号卫星影像，结合 Google Earth 卫星影像解译，并通过野外地质调查，根据断层倾向的变化和断裂段之间的阶区，将日月山断裂北段划分为 5 次级断裂段（图 2.1）。主要是对前人划分的海晏做了进一步划分，划分为德州断裂段和海晏断裂段，依据是断层在德州盆地南侧与海晏盆地交会处右阶斜列，形成数百米宽的拉分槽谷，并且拉分区以北断层倾向北东东，以南断层倾向南西。各断裂段的分段特征如下表（表 4.1）。

表 4.1　日月山断裂北段几何分段特征一览表

断裂分段	分段标志	倾向	长度（km）	类型	阶区长×宽（km）	备注
大通河段	拉分区	NEE	43	右阶、拉分，与托勒山断裂斜接	4.5×2.8	热水四矿附近
热水段	拉分区	NEE	55	右阶、拉分，与江仓—木里断裂相交，夹角约20°	1.9×0.93	沙涌北
德州段	拉分区	NEE	20	右阶、拉分	8.5×0.77	海峰村西
海晏段	拉分区，倾向转换	SW	30	右阶、拉分	5.5×2.7	塔温贡玛西
日月山段	拉分区	SW	46	与拉脊山断裂斜接		前滩村

4.3　日月山断裂北段的分段特征

4.3.1　大通河断裂段

大通河段是日月山断裂北段的最北端，该断裂自北向南始于与托勒山斜接的热麦尔曲，向 SE 方向经过克日扎湾、大通河，最终止于热水四矿（图 4.1），全长约 43km。断裂从北西到南东穿过大通河盆地，走向 335°~340°，倾向 NE。断裂以右旋走滑为主，兼具逆倾滑分量（图 4.1）。

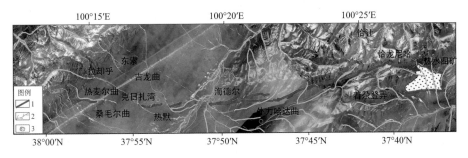

图 4.1 大通河段断裂卫星影像图

1. 全新世活动断层；2. 水系；3. 拉分区

大通河段在热水四矿与热水段右旋右阶羽列（图 4.2），阶区长 4.5km，最宽约 2.8km，在拉分区形成了一个矩形盆地。在大通河段南端，断裂分叉形成了 4 条呈帚状的次级断层。

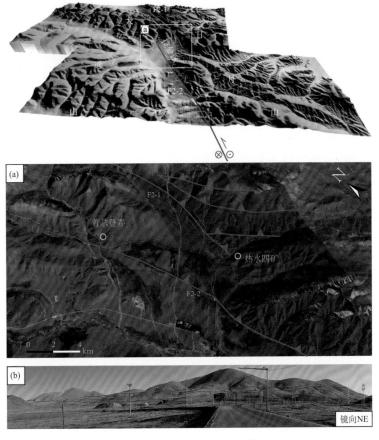

图 4.2 大通河段拉分区地貌图

（a）拉分区遥感解译；（b）野外地质调查拉分区地貌

在遥感影像上大通河断裂主要表现为清晰的线性断层陡坎，并且通过卫星影像解译并结合野外考察表明，断裂右旋断错了两期冲洪积扇，并且在大通河 T1 阶地上未形成断层陡坎，T2 阶地上有断层作用形成的陡坎。

4.3.2　热水断裂段

热水段北起着孕登弄，向南分别经过热水煤矿、曲龙、拉克琼哇、却龙、赛尔德寺，在沙涌南终止（图 4.3），全长约 55km。断裂走向 330°～337°，倾向 NE，以右旋走滑为主，兼具逆倾滑分量（图 4.3）。断裂在遥感影像上线性清晰，表现为两种色调的分界。在热水煤矿附近表现为一系列的断层陡坎，经过室内影像解译和野外考察，断裂右旋断错了水系和阶地。

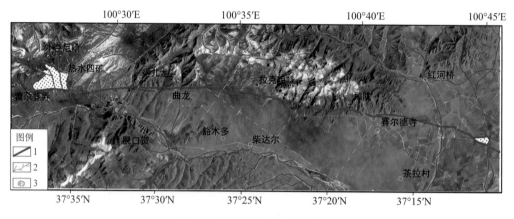

图 4.3　热水段断裂卫星影像图
1. 全新世活动断层；2. 水系；3. 拉分区

在热水段的沙涌与德州段北右旋右阶羽列，阶区长 1.9km，最宽约 0.93km。拉分区北边界的热水段断裂逆冲作用在热水盆地内部形成了三个鼓梁，这三个鼓梁的总体走向为北北西，从北到南依次编为 1～3 号（图 4.4），分别对 2 号、3 号、4 号鼓梁利用差分 GPS 对鼓梁的高度和宽度进行了测量，结合 1：5 万的 DEM 影像，获得鼓梁 a 的长 1.2km，宽约 550m，海拔高度在 3370～3381m，鼓梁 b 的长 700m，宽 500m，海拔高度在 3374～3385m，鼓梁 c 的长 1.4km，宽约 620m，海拔高度在 3375～3387m，德州段北断层的逆冲作用在拉分区内的北端形成了一个鼓梁，鼓梁 d 的长 1.5km，宽约 400m，海拔高度在 3365～3371m（图 4.5、图 4.6）。

在 3 号鼓梁的南端剖面（图 4.7），可观察到断层逆冲作用形成的砾石定向排列。剖面共分为 3 层，从新到老分别为：

①腐殖层，土黄色，层厚 10～100cm，植物根系较为发育。

②中细砾层，颜色为青灰色，层厚 1～1.5m，砾石砾径 1～5cm，砾石排列较致密，分选性，磨圆度较一般，呈次棱角状、次圆状。

③中砾层，颜色为淡黄色，层厚约 5m，砾石砾径以 3～6cm 为主，偶见 10cm 以上的砾

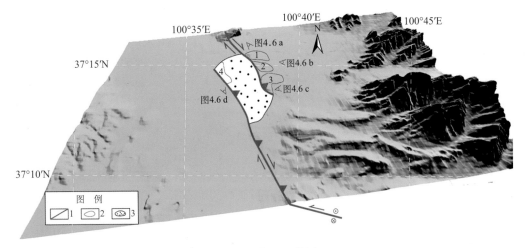

图 4.4　断层地貌图

1. 断层；2. 鼓梁；3. 拉分区

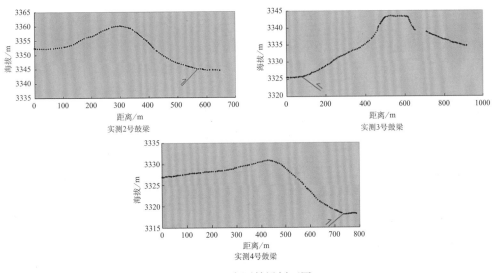

图 4.5　实测鼓梁剖面图

石，分选、磨圆度一般，呈次棱角状、次圆状。

在 4 号鼓梁的北端剖面（图 4.8），断层作用下也形成了砾石定向排列（图 4.8）。剖面上地层划分为 5 层，自上而下分别为：

①表土层，灰黑色，层厚约 1m，植物根系发育。

②黏土层，颜色为灰白色，层厚 1~2m 不等，层内偶见细砾。

③细砾层，颜色为砖红色，砾石砾径以 2~3cm 为主，其次为 5~6cm 的砾石，砾石分选、磨圆度较好，多呈次圆状。

④中细砾层，颜色为灰黄色，层厚约 8m，砾石砾径以 3~5cm 为主，砾石分选、磨圆度较好，多呈次圆状，稍有次棱角状砾石。

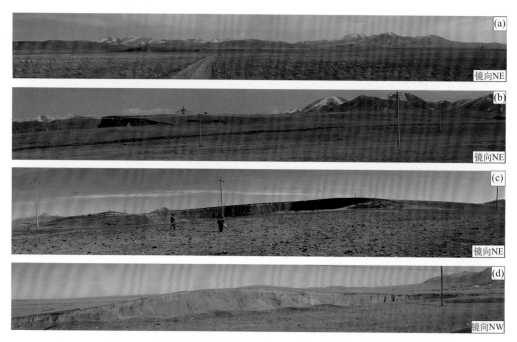

图 4.6　断层鼓梁地貌图不如把照片和鼓包的编号对应一下

图 4.7　断层鼓梁地貌剖面图
1. 腐殖层；2. 中细砾层；3. 中砾层；4. 逆断层

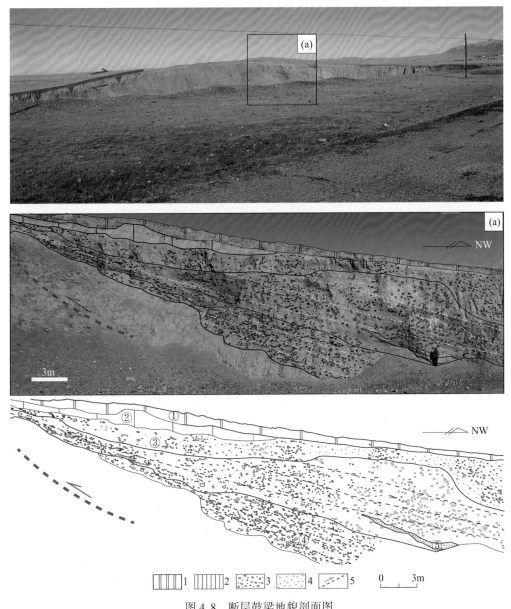

图 4.8 断层鼓梁地貌剖面图

1. 表土层；2. 黏土层；3. 细砾层；4. 中细砾层；5. 逆断层

4.3.3 德州断裂段

德州段北起沙涌，向南经过德州村，至塔温贡玛西止（图 4.9），断裂全长约 20km，断裂走向 335°~355°，倾向 SW，与海晏段断层倾向相反，处于构造转换部位。

德州村北，德州段断裂由 5 条次级断裂段组成（图 4.10），断裂最早活动表现为震旦系的板岩逆冲在灰岩之上（图 4.11，位置见图 4.10 中的 F1 断裂），断层带形成宽约 50m 的断层破碎带，断层带内粉砂质板岩挤压褶皱变形，断层最新活动不断向日月山山前推移，在山前的冲洪积扇体上形成了明显的断层陡坎（图4.10，F4和F5）。

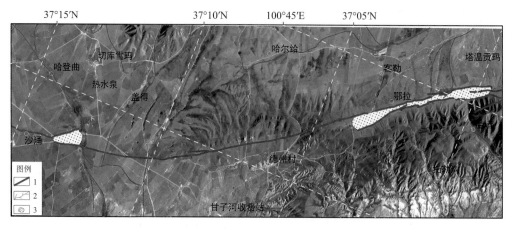

图4.9　德州段断裂卫星影像图

1. 全新世活动断层；2. 水系；3. 拉分区

图4.10　德州段断层遥感解译图

断裂南端与海晏段呈右阶羽列，形成了一个小的拉分区，阶区长8.5km，阶区最宽约0.77km，在拉分区形成了一个梭状拉分盆地（图4.12、图4.13）。

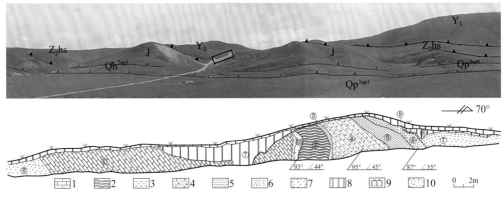

图 4.11 德州段断层剖面图

1. 灰岩；2. 板岩；3. 泥岩；4. 砂砾石层；5. 泥页岩；6. 细砾层；7. 中砾层；8. 黄土；

9. 腐殖层；10. 破碎带断层产状指示点向上移

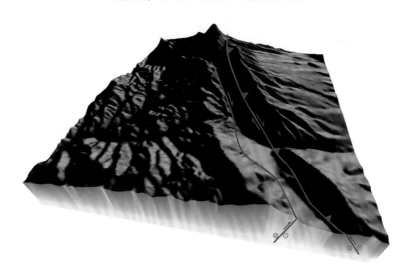

图 4.12 德州段断裂拉分区三维地貌模式图补方向

图 4.13 德州段断裂拉分阶区图

4.3.4 海晏断裂段

海晏段北起塔温贡玛，向南经查地、克图，至海峰村西止（图 4.14），由多条次级断裂右阶斜列而成，全长约 30km。断裂走向 335°~340°，倾向 SW。断层在地貌上主要表现为断层槽谷。断层断错冲沟、阶地、冲洪积扇体、山脊等地貌。海晏段南端与日月山段形成了一个右阶拉分区，阶距约 2km。

图 4.14　海晏段断裂卫星影像图

1. 全新世活动断层；2. 水系；3. 拉分区

在达玉村北，日月山断裂东麓发育有 5 条次级断层（图 4.15），其中 F3 断裂右旋断错第三系紫红色砂岩，断错量为 25m（图 4.16a）。

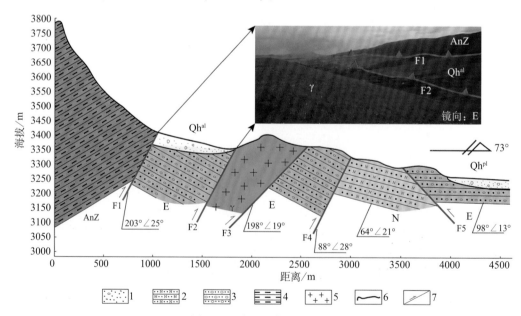

图 4.15　海晏段断裂剖面图

1. 全新统沉积物；2. 新近系长石砂岩与同色砾岩；3. 古近系砂岩；
4. 前震旦系片岩；5. 花岗岩；6. 地层边界；7. 断层

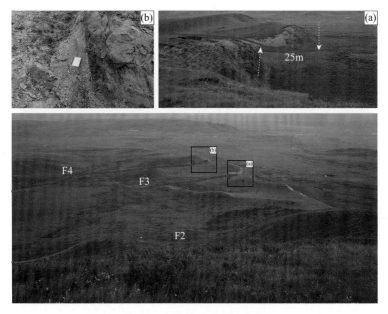

图 4.16 海晏段断裂地貌图

4.3.5 日月山断裂段

日月山断裂段从北部克图起，向南经过马子岭、牙麻岔、巴汉，至茶康台止（图4.17），全长约46km，日月山段北端断裂分叉，并与海晏段在克图盆地附近形成了一个长条形拉分区，阶区长约5.5km，最宽2.7km，断裂在图像上主要表现为线性清晰的断层陡坎和高大的断层三角面。在前滩附近，断裂活动断错了冲沟T1阶地，形成了约1.5m高的正向断层陡坎，显示出了断裂全新世活动的特征（袁道阳等，2003a）。

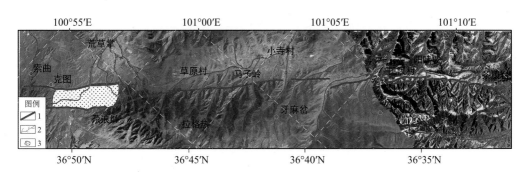

图 4.17 日月山段断裂卫星影像图

1. 全新世活动断层；2. 水系；3. 拉分区

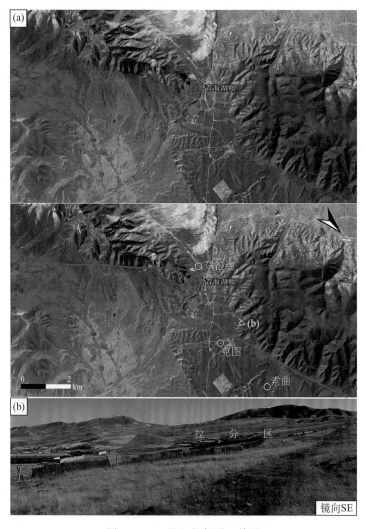

图 4.18　日月山段断裂地貌图

　　在台尔村附近，寒武系上统火山碎屑岩夹硅质岩中发育断层活动面，断层活动面宽约 20cm，断层逆冲造成该岩体中的灰黑色的结晶灰岩夹层断错 1.5m（图 4.19）。该断层的南部寒武系下统片岩逆冲在板岩之上。由于这两条断层的对冲作用，造成中部的石英岩体褶皱变形，形成了背斜构造，背斜的宽度约为 4m。

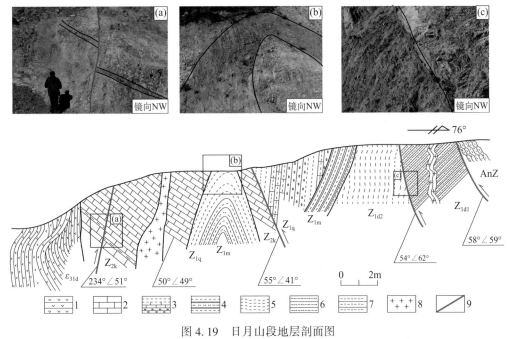

图 4.19 日月山段地层剖面图

1. 寒武系上统火山碎屑岩夹硅质岩及结晶灰岩；2. 震旦系中统克素尔组结晶灰岩；
3. 震旦系下统青石坡组千枚状泥质结晶灰岩；4. 震旦系下统磨石沟组石英岩；
5. 震旦系下统东岔沟组；6. 震旦系下统下亚组；7. 前震旦系片岩；8. 侵入岩；9. 断层

4.4 小结

对日月山断裂北段进行了详细的遥感解译和野外调查工作，在前人研究的基础上，利用断层几何学分段的理论，把日月山断裂北段划分为5个次级断裂段，分别为大通河段、热水段、德州段、海晏段、日月山段等，主要是把德州段重新划分为2段，主要依据是德州段和海晏段之间的阶区为断层倾向发生转换的部位，在该处日月断裂北段切穿日月山体，该阶区以北断裂发育在日月山的西麓，倾向东，以南断裂发育在日月山的东麓，倾向西。

青海日月山断裂北段最北端与托勒山全新世左旋活动断层相交，中北部在热水煤矿附近与江仓—木里断裂相交，最南端与拉脊山断裂斜接，断裂各次级段的端点处有帚状分叉现象。

第五章　日月山断裂北段的活动速率研究

断层滑动速率是断层两侧的滑动位移量（垂直和水平）除以发生该位移所经历的时间，单位为毫米/年（mm/a）或厘米/年（cm/a）。断层滑动速率是衡量断层活动强度的重要参数，是断层在一定时段内的平均活动水平。利用断层的位移速率和断层一次位移事件距今的时间（离逝时间），可以评价未来时间段内发生不同震级地震的危险度。

5.1　数据的选取与估算方法

5.1.1　数据的选取和采集

前文对日月山断裂北段晚更新世以来的地貌面进行详细划分并对其定年，建立了研究区的地貌时间标尺。然后通过分析断错的地貌标志，来认识日月山断裂北段的晚第四纪以来的滑动速率。

水平位错量的获取基于 Google Earth 在线影像和高分一号数据以及野外地质地貌测量，本章对研究区晚更新世以来的构造地貌单元进行了定量解译。其中 Google Earth 在线影像数据的水平分辨率达 2.5m（Potere，2008），水平精度约 2m（Mohammed et al.，2013），通过比较研究区不同时段的历史影像，本文选用 2004 年 10 月 24 日的 Google Earth 历史影像进行构造地貌解译高的一号水平精度约 0.5m；同时也利用无人机进行微地貌的测量断层的获取水平位移量。

垂直位错量的获取基于北京合众思壮科技股份有限公司开发 Mobile GIS 数据采集平台软件，测量仪器为 UniStrong 集思宝 E660T GNSS 差分 GPS 测量系统，其水平精度小于 2cm，垂直定位精度小于 4cm，流动站采用双肩背式测量，由此造成的测量误差小于 10 cm，通过无人机对关键地貌单元进行航测，生成了分辨率小于 0.05m 的 DEM 数据，其垂直精度约 10~15cm。小于断层陡坎的高度。

5.1.2　数据的估算方法

1. 水平位错量的限定

地貌面的划分主要依据地貌面的分布高度、残存的规模、延伸方向以及地貌面序列特征等。以洪积扇面边缘的位错量代表该级洪积扇的水平位错。考虑到河流阶地形成后，其前缘还会受到河流的侧蚀，导致阶地前缘的位错量往往不能代表该级阶地被废弃以来的断错量。因此，本文以河流阶地面后缘的位错量代表该级阶地面被废弃以来的位错量。地貌面的定年通过地貌面测年和在相关地貌面上开挖探槽，对探槽剖面中的冲洪积相沉积物通过光释光和 ^{14}C 定年来确定相应地貌面的年代。因探槽位于相应的地貌面上，其年龄可接近相应地貌面的废弃年龄。其中光释光测年是在浙江省中科释光检测技术研究所完成，^{14}C 测年是在美国贝塔实验室完成。误差计算过程中，采用蒙特·卡罗方法（Monte Carlo method），重复实验 500 次，最终结果取均值，误差为一个标准差（$\mu \pm \sigma$）。

2. 地表逆断层陡坎的估算

对于逆断层陡坎，陈桂华等（2008）提出了不同坡度的地貌面标志对变形分析的影响，指出通过断层水平位移和垂直缩短之比可以获得断层倾角的正切值，从而得到发震断层倾角大小，并讨论了由与断层走向斜交剖面获得的视位移到真位移的转换。李涛等（2009）讨论了逆断层型地震地表破裂带位移测量的复杂性和滑动矢量的计算方法，指出如何利用断层两盘位移矢量和断层下盘地表坡度计算断层垂直位移和水平位移，进而获得滑动矢量的大小、倾伏角和滑动方向。

对断层陡坎上盘实测地形点进行线性拟合可获得上盘地形线：

$$y_{\mathrm{h}} = m_{\mathrm{h}}x + b_{\mathrm{h}} \tag{5.1}$$

同样地可获得断层陡坎最大坡度线：

$$y_{\mathrm{s}} = m_{\mathrm{s}}x + b_{\mathrm{s}} \tag{5.2}$$

和下盘地形线：

$$y_{\mathrm{f}} = m_{\mathrm{f}}x + b_{\mathrm{f}} \tag{5.3}$$

结合式（5.1）和式（5.2）可获得上盘拐点 $P_1(x_1, y_1)$ 坐标值：

$$x_1 = (b_{\mathrm{s}} - b_{\mathrm{h}})/(m_{\mathrm{h}} - m_{\mathrm{s}}) \tag{5.4}$$

$$y_1 = [(b_{\mathrm{s}} - b_{\mathrm{h}})/(m_{\mathrm{h}} - m_{\mathrm{s}})] * m_{\mathrm{h}} + b_{\mathrm{h}} \tag{5.5}$$

下盘拐点 $P_2(x_2, y_2)$ 坐标值：

$$x_2 = (b_{\mathrm{s}} - b_{\mathrm{f}})/(m_{\mathrm{f}} - m_{\mathrm{s}}) \tag{5.6}$$

$$y_2 = [(b_{\mathrm{s}} - b_{\mathrm{f}})/(m_{\mathrm{f}} - m_{\mathrm{s}})] * m_{\mathrm{f}} + b_{\mathrm{f}} \tag{5.7}$$

断层陡坎高度即上盘拐点高度与下盘拐点高度之差为：

$$SH = y_1 - y_2 \tag{5.8}$$

断层两盘地表最小垂直断距即上盘拐点 $P_1(x_1, y_1)$ 到下盘趋势线铅直距离：

$$VS_{\mathrm{min}} = x_1(m_{\mathrm{h}} - m_{\mathrm{f}}) + b_{\mathrm{h}} - b_{\mathrm{f}} \tag{5.9}$$

断层两盘地表最大垂直断距即下盘拐点 $P_2(x_2, y_2)$ 到上盘趋势线的铅直距离:

$$VS_{max} = x_2(m_h - m_f) + b_h - b_f \tag{5.10}$$

断层两盘地表垂直断距 VS 介于最大值 VS_{max} 和最小值 VS_{min} 之间, 即 $VS_{min} \leqslant VS \leqslant VS_{max}$。
当断层上盘地表面平行于下盘地表面, 即 $a_h = a_f$ 时, 断层倾滑位移可表示为:

$$DS = AB = VS \cos a_h / \sin(\theta + a_h) \tag{5.11}$$

断层水平位移为倾滑位移的余弦值:

$$HD = AC = DS \cos\theta = VS \cos a_h \cos\theta / \sin(\theta + a_h) = VS/(\tan\theta + \tan a_h) \tag{5.12}$$

断层垂直位移为倾滑位移的正弦值:

$$VD = BC = DS \sin\theta = VS \cos a_h \sin\theta / \sin(\theta + a_h) = VS \tan\theta / (\tan\theta + \tan a_h) \tag{5.13}$$

当断层上盘地表面不平行于下盘地表面, 即 $a_h \neq a_f$ 时,

$$PP_4 = PP_3 + P_3P_4 = AP \sin\theta + AP \cos\theta \tan a_f = AP(\sin\theta + \cos\theta \tan a_f) \tag{5.14}$$

据式 (5.2), 式 (5.3), 以及断层出露点 $P(x, y)$ 值可获得:

$$PP_4 = x(m_s - m_f) + b_s - b_f \tag{5.15}$$

结合式 (5.14) 和式 (5.15) 可得:

$$AP = \{x(m_s - m_f) + b_s - b_f\} / (\sin\theta + m_f\cos\theta) \tag{5.16}$$

$$PP_6 = PP_5 + P_5P_6 = BP \sin\theta + BP \cos\theta \tan a_h = BP(\sin\theta + \cos\theta \tan a_h) \tag{5.17}$$

据式 (5.1)、式 (5.2), 以及断层出露点 $P(x, y)$ 可知:

$$PP_5 = x(m_h - m_s) + b_h - b_s \tag{5.18}$$

由式 (5.17) 和式 (5.18) 得:

$$BP = \{x(m_h - m_s) + b_h - b_s\} / (\sin\theta + m_h\cos\theta) \tag{5.19}$$

断层倾滑位移 DS 等于断层出露端点沿倾角到下盘距离 AP 与到上盘距离 BP 之和：

$$DS = AB = AP + BP = \{x(m_s - m_f) + b_s - b_f\}/(\sin\theta - m_f\cos\theta)$$
$$+ \{x(m_h - m_s) + b_h - b_s\}/(\sin\theta - m_h\cos\theta) \qquad (5.20)$$

断层垂直位移 VD 为倾滑位移 DS 的正弦值：

$$VD = DS\sin\theta = \{\{x(m_s - m_f) + b_s - b_f\}/(\sin\theta + m_f\cos\theta)$$
$$+ \{x(m_h - m_s) + b_h - b_s\}/(\sin\theta + m_h\cos\theta)\}\sin\theta \qquad (5.21)$$

断层水平位移 HD 为倾滑位移 DS 的余弦值：

$$HD = DS\cos\theta = \{\{x(m_s - m_f) + b_s - b_f\}/(\sin\theta + m_f\cos\theta)$$
$$+ \{x(m_h - m_s) + b_h - b_s\}/(\sin\theta + m_h\cos\theta)\}\cos\theta \qquad (5.22)$$

图 5.1 中，断层陡坎高度为 SH，对于正向断层陡坎，断层陡坎高度 SH、两盘地表垂直断距 VS 和断层垂直位移 VD 存在以下关系：$VD \leqslant VS \leqslant SH$

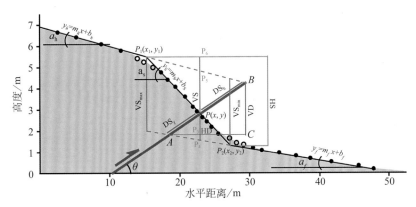

图 5.1 活动弯滑断层正向坎相关参数计算示意图（Thompson et al.，2002；杨晓东等，2014）

VS. 地表垂直断距；VS_{min}. 最小地表垂直断距；VS_{max}. 最大地表垂直断距；

SH. 断层陡坎高度；DS. 断层倾滑位移；HD. 断层水平位移；VD. 断层垂直位移；

θ. 断层倾角；a_h. 断层上盘地表坡度；a_s. 断层陡坎坡度；a_f. 断层下盘地表坡度；

$P(x, y)$ 断层出露点；$P(x_1, y_1)$ 断层上盘陡坎拐点；$P(x_2, y_2)$ 断层下盘陡坎拐点

5.2 水平位错量及水平滑动速率估算

通过对日月山断裂北段遥感影像解译和无人机微地貌的测量结合野外地质地貌调查，对断层断错日月山山前冲洪积扇体和冲沟阶地的 8 个典型地貌进行了详细的分析，获得了日月山断裂各次级断裂段的水平位错量及活动速率。

5.2.1　大通河断裂段

（1）大通河段地貌观测点1（100°16′45.16″E，37°49′19.37″N）（位置见图5.2），通过室内解译和野外地质调查发现，断裂水平断错地貌主要表现为右旋断错的新、老冲洪积扇和多条右旋位错的冲沟（图5.3a，b，c）。

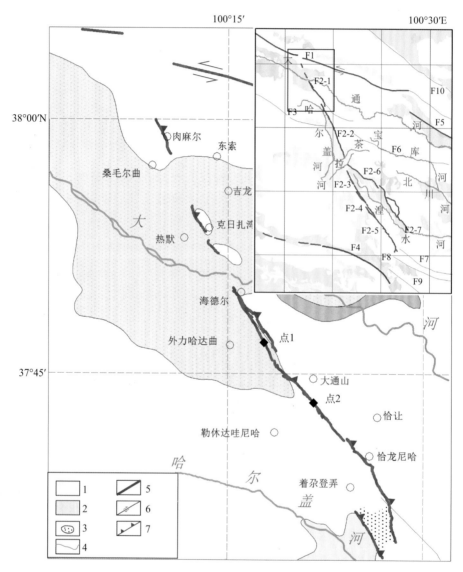

图 5.2　大通河段野外地质调查点位置图

1. 全新统；2. 中更新统；3. 拉分区；4. 水系；5. 全新世断层；6. 走滑断层；7. 逆冲断层

F1. 托勒山断裂；F2. 日月山断裂；F3. 江仓—木里断裂；F4. 青海南山北缘断裂；F5. 门源断裂；

F6. 达坂山断裂；F7. 拉脊山北缘断裂；F8. 拉脊山南缘断裂；F9. 倒淌河—临夏断裂；F10. 皇城—双塔断裂

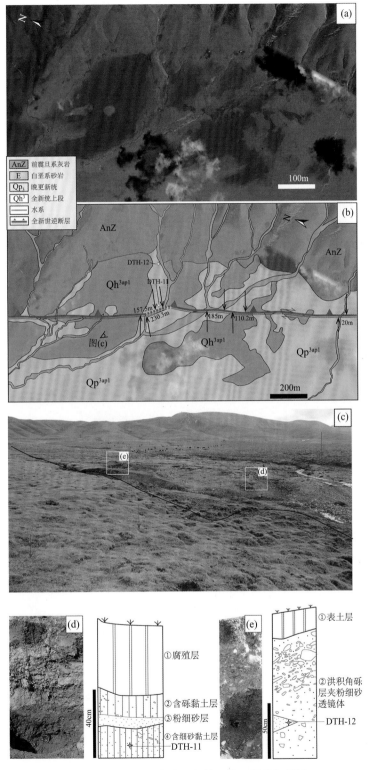

图 5.3　大通河段冲洪积扇等地貌面影像解译图

通过解译和野外地质调查认为该期晚更新世冲洪积扇形成后由于断裂的逆冲作用，断层上盘抬升，后期更新一期场地全新世冲洪积扇形成时沿着老扇扇缘发生冲蚀，使得地貌上只残留一部分晚更新世冲洪积物，通过解译发现在地貌点北侧发育两期被错断的冲洪积扇，冲洪积扇断错量达到 110.2~230m。冲沟也具有较大的位错，位错量最大为 180m，最小仅 20m。在冲沟右岸新老冲洪积扇体分别采集光释光样 DTH-11 和 DTH-12（图 5.3d，e）。

新冲洪积扇体从新到老地层可分为 4 层：

①腐殖层，颜色为灰黑色，层厚 40cm，层内沉积物较为松散，植物根系发育。

②含砾黏土层，颜色为土黄色，层厚 15cm，层内夹杂少量的细砾，砾径以 2~3cm 为主，砾石分选、磨圆度一般，多呈次棱角状。

③粉细砂层，颜色为灰褐色，厚 6~10cm。

④细砂质黏土层，颜色为青灰色，层厚 20cm 左右，层内偶见砾石，砾径 3~10cm 不等，未见底，在该层取得 DTH-11 光释光样品（采样深度 75cm），测得其年龄距今约 3.7 ±0.1ka。

老洪积扇体地层自上而下共分为 2 层：

①表土层，灰黑色，层厚 20cm，土质较松散，有植物根系发育。

②洪积角砾层，青灰色，层厚 1.1m，砾石砾径以 5~10cm 为主，偶见 15~20cm 砾石，砾石分选、磨圆度差，多呈棱角、次棱角状，未见底，层内夹有土黄色粉细砂透镜体，采集光释光样品 DTH-12（采样深度 1.05m），测得其年龄距今约 19.5±0.8ka。

洪积扇扇上水系位错为 20m，测得其年龄距今约 19.5±0.8ka，由此估算得到断层水平滑动速率为 1.02mm/a。

（2）在日月山断裂大通河段地貌点 2（100°19′58.05″E，37°46′21.24″N）（位置见图 5.2），通过室内解译和野外地质调查发现，陆相三叠系下岩组长石石英砂岩逆冲于侏罗系中下统细砂岩之上，在观测点形成了明显的断错地貌现象。水平断错地貌主要表现为冲沟，阶地和线性展布的断塞塘（图 5.4a，b，c，d）。

其中解译点图 5.4c 最北侧冲沟右旋位错量为 8m，较大位错发生在图 5.4c 冲沟左岸 T2 阶地上，位错量为 63m，左岸 T1 与 T2 阶地边界右旋位错，与 T2 阶地边界位错量为 11m，同时沿着断层，区域内发育三个不规则的断塞塘，断塞塘未发生变形，说明其断层活动在断塞塘沉积之前。

T1 阶地地层共有 2 层，自上而下分别为：

①坡积层，淡土黄色，层厚 1.1m，层内夹杂 10~40cm 不等的砾石，分选、磨圆度较好，推测为外动力作用搬运物质。

②含砾细砂层，土黄色，层厚 1.0m，砾石砾径以 1~10cm 为主，分选一般，磨圆度较好，采集光释光样品 DTH-07（采样深度 1.2m），测得其年龄距今约 0.8±0.03ka。

冲沟左岸 T2 阶地地层共划分为 2 层，自上而下分别为：

①腐殖层，灰白色，层厚 35cm，土质松散，植物根系发育。

②含砾细砂层，土黄色，层厚 2.0m，砾石砾径以 1~10cm 为主，分选、磨圆度一般，采集光释光样品 DTH-08（采样深度 1.8m），测得其年龄距今约 3.6±0.1ka。

根据 T1、T2 阶地分界坎的右旋位移量估算断层全新世滑动速率为 3.1mm/a。

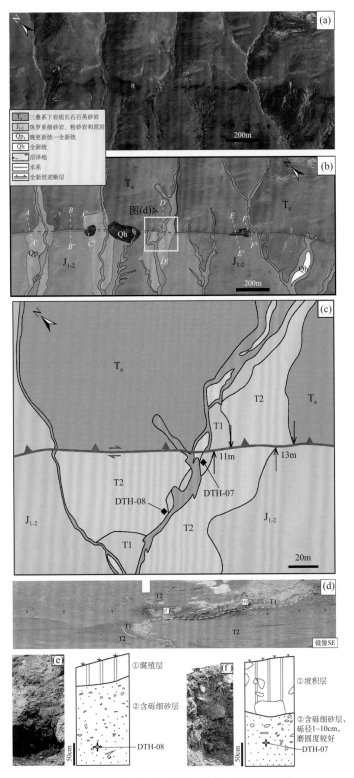

图 5.4　大通河段冲沟等地貌面影像解译图

5.2.2　热水断裂段

在日月山断裂热水段地貌观测点 3（100°27′47.562″，37°34′15.798″）（位置见图 5.5），通过室内解译和野外调查，发现调查区发育两条断层，其中一条为震旦系上岩组板岩（Z_c^c）逆冲于震旦系灰岩（Z_j）之上的前第四纪断层，断层陡坎不连续展布，另外一条断层为震旦系系灰岩（Z_j）逆冲于晚更新统冲洪积物上，断裂错断地貌现象较为明显。断裂水平断错地貌主要表现为右旋错断了一系列冲沟和阶地（图 5.6a，b，c，d）。

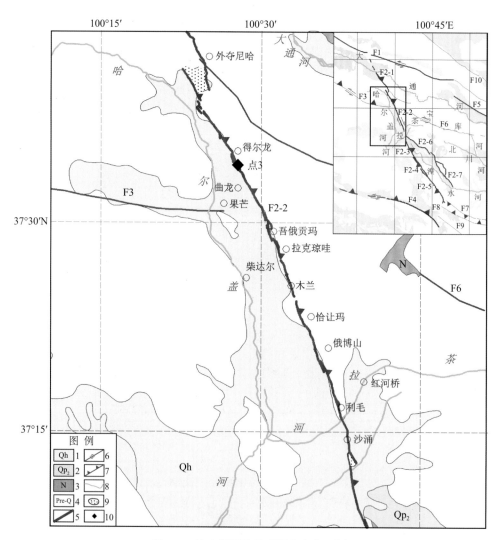

图 5.5　热水段野外地质调查点位置图

1. 全新统；2. 中更新统；3. 新近系；4. 前第四系；5. 全新世活动断层；

6. 走滑断层；7. 逆冲断层；8. 水系；9. 拉分区；10. 地貌观测点

F1. 托勒山断裂；F2. 日月山断裂；F3. 江仓—木里断裂；F4. 青海南山北缘断裂；

F5. 门源断裂；F6. 达坂山断裂；F7. 拉脊山北缘断裂；F8. 拉脊山南缘断裂；

F9. 倒淌河—临夏断裂；F10. 皇城—双塔断裂

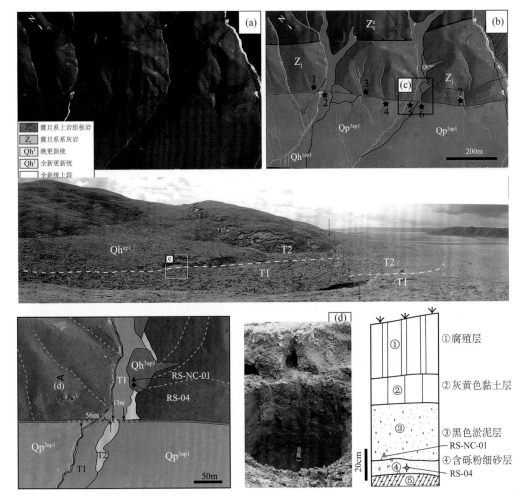

图 5.6　热水段地貌面影像解译、野外调查，样品采集图

　　其中，冲沟右旋位错约为 56m，T1/T2 边界右旋位错 23m（图 5.6c，d），冲沟下游发育 T2 阶地，但是上游 T2 阶地则被全新世上段的小冲洪积扇所覆盖，在扇体前缘与 T1 阶地后缘交界处采集光释光样品 RS-04 和泥炭样品 RS-NC-01（图 5.6d，e）。

　　采样点处地层可划分为 5 层，自上而下分别为：

　　①腐殖层，颜色为灰黑色，层厚约 35cm，层内植物根系发育。

　　②黏土层，灰黄色，层厚 17cm，层内偶见细砾。

　　③淤泥层，颜色为黑色，层厚约 40cm，在层底部取得泥炭样品 RS-NC-01（采样深度为 0.8m），测得其 ^{14}C 年龄为 3610±30a B. P. 。

　　④含砾粉细砂层，黄褐色，层厚 8cm。

　　⑤淤泥质黏土层，颜色为黑色，层厚 7cm，未见底，该层为常年冻土层，未采集到相关样品。

根据 T1/T2 阶地位错量和 T1 阶地的形成年龄获得全新世右旋滑动速率为 6.4mm/a，经分析认为，该数据年龄偏大，样品所采集的年龄为冲沟 T1 级阶地年龄，估算结果不可靠；通过区域对比，T2 阶地形成年龄大概为 13.7ka，获得全新世早期以来的活动速率为 1.68mm/a。

在昆仑神庙的东北，断层水平活动显著，断层右旋造成山脊断错 184.5m，在扎麻沟沟口断层下盘山脊横档在沟口，形成断层闸门脊（图 5.7）。

图 5.7　断层闸门脊地貌图

5.2.3　德州断裂段

德州段北东侧为日月山脉，南西侧为德州盆地，活动断裂沿着山脉和盆地边界展布（图 5.8a）。断裂的断层陡坎平直、连续，坡度较陡，在影像上表现为明显的线性，在地形高且坡度较陡的位置陡坎保存仍较为完整，推测断裂在全新世以来的活动性较强。

该段断裂由 5 条近平行的次级断裂组成（图 5.9，f1、f2、f3、f4、f5），其中断层 f1、f2、f3 为发育于基岩中的老断层，表现为挤压逆冲为主，断裂带附近发生大规模构造隆升与地壳缩短、推覆。断层 f1-3 活动时，花岗岩（γ_3）侵入于震旦系结晶灰岩（Z_{1d}）之中，震旦系灰黑色结晶灰岩（Z_{1d}）逆冲于震旦系（Z_{1q}）板岩之上，断层逆冲挤压使震旦系板岩发生强烈的揉皱变形，下部地层近乎直立，上部发生弯曲变形，垂直于断裂走向的冲沟切割揭露出了断层作用形成的灰白色断层角砾岩，并在地貌上形成了不同高度的断层陡崖及侵蚀台地。在第四纪之前日月山断裂以挤压逆冲为主，局部地区受到后期外动力作用改造而变缓且不连续，在影像上表现为色差鲜明的侵蚀陡坎和侵蚀三角面。断层 f3 为震旦系（Z_{1q}）板岩逆冲作用于中更新统冲洪积物上，形成了较为连续的断层陡坎。第四纪以来日月山断裂活动性发生改变，由挤压逆冲转换为逆走滑，此时以 f4、f5 断层活动为主。断层 f4 现为中更新统冲洪积物逆冲于晚更新统至全新统冲洪积物上，形成了线性明显的断层陡坎，陡坎高约 3m，坡度较陡，在地形高且坡度较陡的位置陡坎保存较为完整，说明其受外力风化剥蚀的时间较短，断层可能在晚更新世至全新世以来发生过活动。在影像上断层作用表现为明显的断层陡坎。其中，基岩内部老断层活动形成的陡坎不连续并且坡度较缓，受外动力作用影响较大，多被侵蚀、搬运而未完整的保存下来。

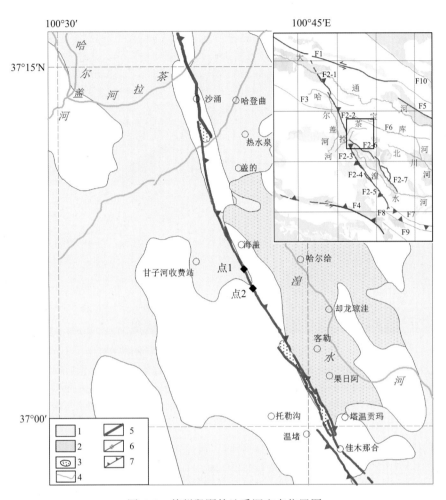

图 5.8　德州段野外地质调查点位置图

1. 全新统；2. 中更新统；3. 拉分区；4. 水系；5. 全新世断层；6. 走滑断层；7. 逆冲断层

F1. 托勒山断裂；F2. 日月山断裂；F3. 江仓—木里断裂．F4. 青海南山北缘断裂；

F5. 门源断裂；F6. 达坂山断裂；F7. 拉脊山北缘断裂；F8. 拉脊山南缘断裂；

F9. 倒淌河—临夏断裂；F10. 皇城—双塔断裂

　　日月山断裂德州段地貌观测点 1（位置见图 5.9），在德州段北端，断层 f5 在晚更新世以来切过冲沟，多期冲洪积阶地和冲洪积扇（图 5.10）。其中，断层断错全新世两期冲沟，最新一期右旋断错量为 6.5~8.7m，另一期断错量为 12.3m。同时，断裂右旋剪切也断错晚更新世冲洪积扇体，其中北端扇体北缘水平断错 47m，南缘水平断错 56m，但扇体南缘受冲沟侵蚀较为严重，所以认为扇体北缘的断错量较为准确。中部冲洪积扇南、北缘水平断错量分别为 42.5 及 31.0m；断层断错南部晚更新世冲洪积阶地，其中 T2/T1 位错量为 29.7m，T3/T2 位错量为 36m。

　　日月山断裂德州段地貌观测点 2（位置见图 5.9），在德州村东，发源于日月山的一系列河流，横穿断裂，流向德州盆地，在盆山交界处发育了洪积扇，河流之后多次侧蚀和下

图 5.9　德州段断层展布 Google Earth 影像解译图

f1—f5 为德州段日月山断裂分支断裂，其中蓝色线条表示前第四纪活动断层，红色线条表示晚更新世
以来活动断层；A—A'—M—M'为野外 RTK 实测剖面位置，其中 A—A'除 f1 以外的所有分支断层，
其余仅跨 f5 断层；t_1—t_4 表示台地面位置及级数；绿色条形框表示探槽剖面位置

切，在洪积扇面上又发育了一系列的河流阶地。通过对德州段晚更新世以来的构造地貌单元
进行遥感解译及野外地质调查，在该区可识别出一级洪积扇面和三级河流阶地面（图
5.11b）。最新的断裂活动将这些地貌面断错，其中三个流域的断错地貌信息保留的最为完
整，为方便对其进行定量分析和描述，本文自北西往南东，分别编号为 A、B、C（图
5.11b）。

　　流域 A 中主要发育一级洪积扇面 fp 和 T1–T3 三级河流阶地面（图 5.12）。洪积扇面 fp
和德州盆地面具有明显的扇形地貌边界。日月山断裂的最新活动将该洪积扇面断错，以北侧
边缘为地貌标志，可知该洪积扇面被废弃以后，日月山断裂的右旋位错量约 54±5m。洪积
扇面上发育的河流阶地也发生了右旋位错。其中 T1 阶地位错量不明显。T2 阶地前缘被右旋
位错 13±3m，T2 阶地后缘被右旋位错 31±5m，认为 T2 阶地被断错后其前缘遭受过河流侧
蚀，其后缘的断错量更能代表 T3 阶地被废弃后的总断错量。T3 阶地面与洪积扇面基本属于
同一期地貌面，其后缘的右旋位错量为 47±5m。

　　流域 B 中可识别出一级洪积扇面 fp 和 T1—T2 两级河流阶地面（图 5.13）。洪积扇面 fp
在水流方向上，呈现出中间高两侧低的上凸型地貌。在该级洪积扇面上发育了 T1—T2 两级
河流阶地。T1 阶地仅在河流左岸保留，断错特征不明显。T2 阶地在河流两岸均有保留，日
月山断裂活动将 T2 阶地右旋错动，其中左岸的 T2 阶地后缘的右旋断错量约 25±5m，右岸
的 T2 阶地后缘的右旋断错量约 27±5m，T2 阶地前缘现今的位错量在两岸均不明显。基于无

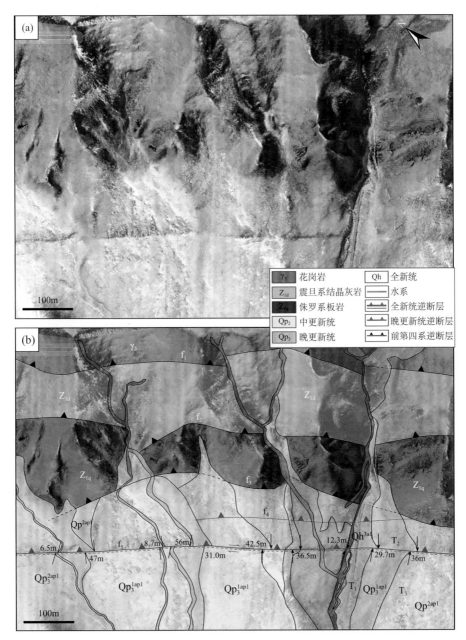

图 5.10　德州段北端断裂断错地貌解译

（a）Google Earth 影像；（b）影像解译

人机航测得到的 DEM 数据，T2 阶地形成以来，右岸的垂直位错量约 1.6±0.5m（图 5.13d 中 A），左岸的垂直位错量约 1.7±0.5m（图 5.13d 中 A）。

　　流域 C 中可识别出一级洪积扇面 fp 和 T1-T2 两级河流阶地面（图 5.14）。洪积扇面 fp 在水流方向具有上凸型地貌特征。日月山断裂活动造成该流域的地貌面和水系发生右旋错

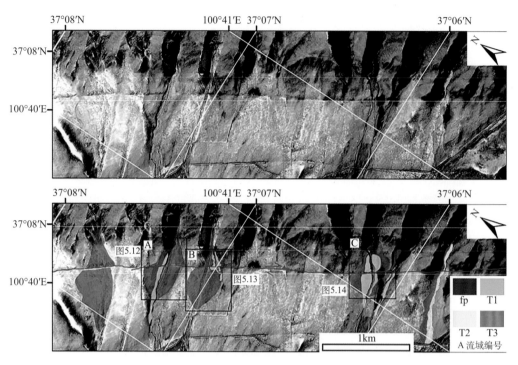

图 5.11　日月山断裂德州段构造地貌解译图

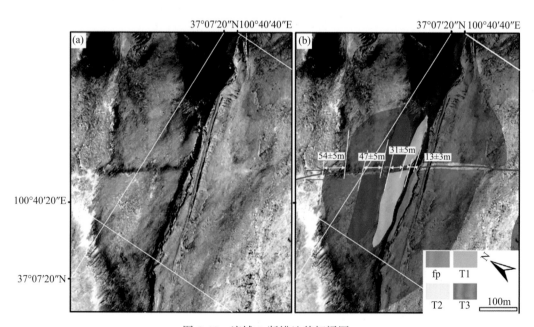

图 5.12　流域 A 断错地貌解译图

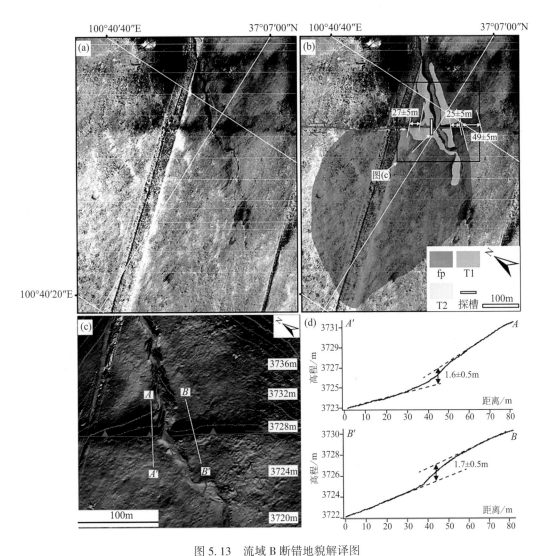

图 5.13 流域 B 断错地貌解译图

（a）原始 Google Earth 影像，位置见图 5.11；（b）解译图；（c）无人机航测得到的 DEM；（d）地形剖面；
fp 为洪积扇面，T1—T3 为河流阶地面

动。其中洪积扇面的右旋位错量约 49±5m，T2 河流阶地面的右旋位错量约 26±5m（图 5.14b）。基于无人航测获得的 DEM 数据，得到该流域中河道的右旋位错量约 20±5m，T2 阶地的垂直位错量分别为 4.5±0.5 和 4.2±0.5m（图 5.14c，d）。

结合前人对日月山断裂滑动速率的研究，通过本次解译对比分析认为，日月山断裂德州段在晚更新世以来发生过多期断层活动，其中全新世断层活动可划分为两期，最新一期水平位错量为 6.5~8.7 m，第二期水平位错量为 12.3~14 m；晚更新世也可划分出两期活动，第一期水平位错量为 16~20 m，第二期水平位错量为 28.5~47 m。相比于前人的研究，笔者通过详细解译划分出了更新一期的断裂活动，但还需野外进一步验证。

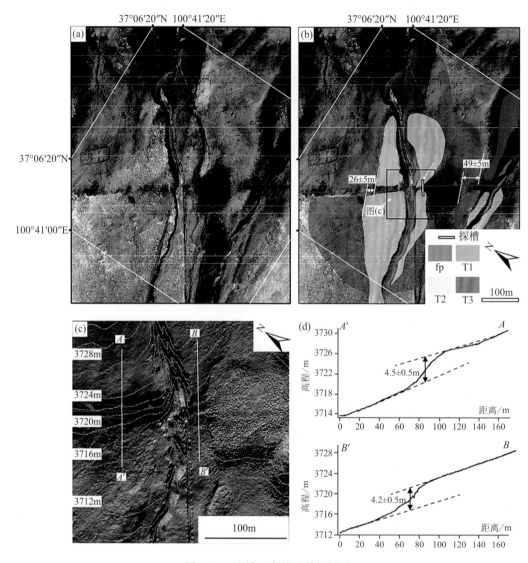

图 5.14　流域 C 断错地貌解译图
(a) 原始影像；(b) 解译图；(c) 无人机航测得到的 DEM；
fp 为洪积扇面，T1—T3 为河流阶地面；底图为 Google Earth 影像

　　根据遥感解译处的探槽古地震事件年龄数据，全新世发生一次古地震事件，在 5.5±
0.2ka 和 0.8±0.1ka 之间，晚更新世发生一次古地震事件，在 21.3±1.2ka 和 13.5ka±0.7ka
之间，估算断层全新世以来右旋滑动速率为 2.55mm/a，晚更新世以来右旋滑动速率为
2.2~3.5mm/a。

　　Yuan et al. (2011) 在德州段贺湾 (37°6′10.7″N，100°41′7.8″E) 一带断层切过冲沟处
开挖人工探槽，断层断错冲洪积阶地 T1 边缘 9±2 m，测得的 ^{14}C 样品的年龄为 7057±110a，
得到日月山断裂全新世的滑动速率约 1.3 mm/a。通过日月山断裂晚第四纪以来的走滑位错
量和年代，估算出断裂的走滑速率为 1.2±0.4 mm/a。

5.2.4 海晏断裂段

海晏段位于海晏县城约5.5km处，是日月山断裂带中段的一条次级断层（图5.15），北起塔温贡玛，向南经查地、克图，至海峰村西止，由多条次级断裂右阶斜列而成，全长约30km。

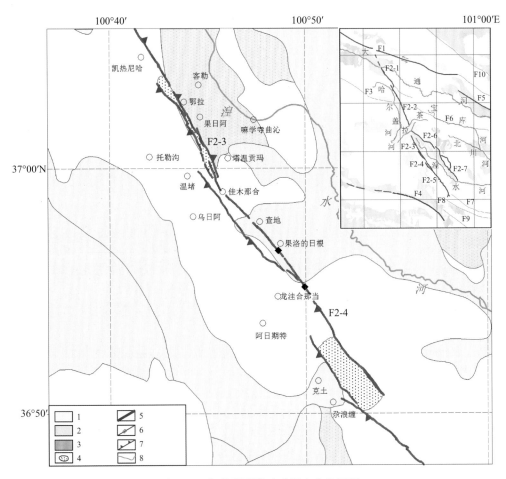

图5.15 海晏段野外地质调查点位置图

1. 全新统；2. 中更新统；3. 新近系；4. 拉分区；5. 全新世断层；6. 走滑断层；7. 逆冲断层；8. 水系
F1. 托勒山断裂；F2. 日月山断裂；F3. 江仓—木里断裂；F4. 青海南山北缘断裂；F5. 门源断裂；
F6. 达坂山断裂；F7. 拉脊山北缘断裂；F8. 拉脊山南缘断裂；F9. 倒淌河—临夏断裂；F10. 皇城—双塔断裂

（1）在克图北约2km，西海镇西约7.5km处的解译点1（位置见图5.15），日月山断裂断错地貌现象明显。水平断错地貌主要表现为断裂右旋错断了冲沟、阶地和山脊，并且沿断裂走向发育了5个规模不一的断塞塘，其中最大的面积约3000m²，最小约1000m²（图5.16b）。解译点1冲沟位错也表现出了一定的规律性，可划分出3期断层活动，从老至新位错量分布分别为47.8~77.4、24.2~37.1及12.2~14.7m。同时，串珠状分布的断塞塘至今仍多为沼泽地（图5.16d），并且未发生右旋断错，说明断裂的最新活动早于断塞塘沉积年代。

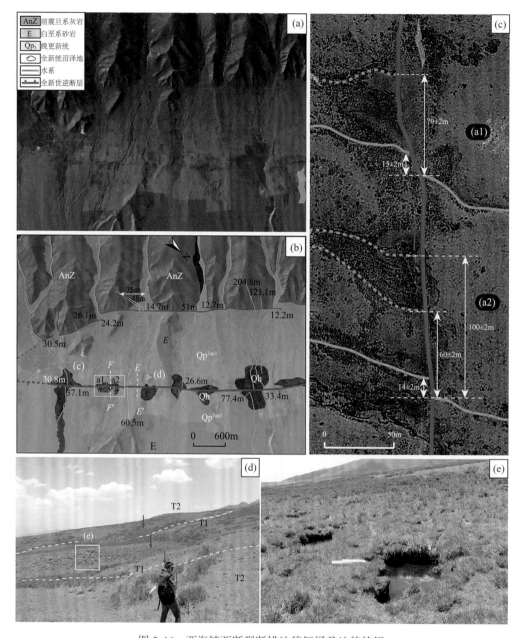

图 5.16　西海镇西断裂断错地貌解译及地貌特征

（a，b）海晏段解译点 8 地貌、地层分布 Google Earth 影像及解译图，白色虚线代表 RTK 实测陡坎位置；

（c，d）解译点地貌；（e）实测地形剖面

　　（2）在距克图约 4km 的遥感解译点 2（位置见图 5.15），自东向西流的冲沟明显受到海晏段两条次级断裂右旋走滑的控制，发生了明显的 S 形偏转，并伴有断头沟和断尾沟形成。此外，断层断错还形成了串珠状展布的断塞塘（图 5.17a、b、d），在该点多个断塞塘至今

为沼泽地。通过解译点冲沟、水系的拐点分析认为在该点可识别出 3 期冲沟位错，其水平位错量从大到小分别为 42~63.5、23~38 及 10.1~15.5m（图 5.17b、c）。

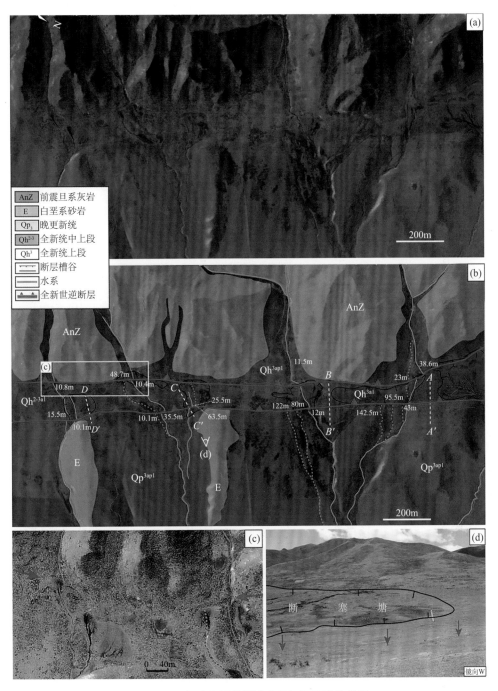

图 5.17　克图北断裂断错地貌解译及地貌特征

（a，b）海晏段地貌、地层分布 Google Earth 影像及解译图，白色虚线代表 RTK 实测陡坎位置；

（c）局部断错地貌解译图；（d）解译点地貌

（3）点3位于达玉村3号探槽南约100m处，海晏段断错地貌现象明显。两条次级断层水平断错地貌主要表现为断裂右旋错断了冲沟和山脊（图5.18），其中，冲沟右旋位错呈现一定的规律性，可划分为3期，从老至新水平位错分布分别为：42~60、20~32.5和11.4~12m（图5.18a、b）。在断裂经过处还形成了线性展布的串珠状断塞塘。

图5.18　达玉村南断裂断错地貌解译及地貌特征
1. 断塞塘；2. 逆断层；3. 走滑断层；4. 水系
（a，b）海晏段地貌、地层分布 Google Earth 影像及解译图；（c）山前陡坎和断层三角面地貌；
（d，e，f）解译点断层断错地貌照片；（g）实测地形剖面

三个地貌解译点和差分 GPS 的测量数据，海晏段断层水平位错分为3期，位错量大概在 10.1~15.5、20~38、42~77.4m。达玉村3号探槽揭示最新一次古地震事件在 4.1~3.3ka，最老一次古地震事件时代大约在 21.7ka，估算该段断裂晚更新世以来右旋滑动速率为 3.5mm/a，全新世以来右旋滑动速率为 2.4~3.1mm/a。

5.2.5　日月山断裂段

此外在日月山段野外地质调查发现断裂右旋位错在出山口处形成的闸门脊地貌（图5.19），并且断裂剪切作用使冲沟发生右旋位错。

图 5.19　日月山段闸门脊地貌图（镜向 SE）

5.3　垂直位错量及滑动速率估算

野外调查发现，日月山断层逆冲活动显著，主要表现为断层断错山前冲洪积扇体，形成不同时期的断层陡坎，野外对断层陡坎利用差分 GPS 进行了实地测量，测量剖面 149 条，现分段描述如下：

5.3.1　大通河断裂段地表陡坎

大通河段全长 43km，野外调查显示断层北段陡坎不明显，中段断层发育在大通河盆地中，在山前的冲洪积扇体上，形成一系列的断层陡坎（图 5.20），南段断层发育在基岩山区中，由于交通不便，未能获得断层陡坎的数据。

布设了 18 条测线，对断层中段地表陡坎进行了 RTK 测量，共测算出 29 条断层陡坎（图 5.21 利用 RTK 实测断层陡坎剖面，测量数据见表 5.1）。

表 5.1　大通河段地表断层陡坎的相关测量参数

测线名称	断层下、上盘趋近点	断层下盘斜率（%）	断层上盘斜率（%）	断层下盘截距	断层上盘截距	垂直最小、最大位错量	垂直位错量平均值	地表断层陡坎的推测年代
1—1'	221.8954	7.16	9.55	3662.5	3672.1	4.2967	5.6515	晚更新世
	108.5192	7.16	9.55	3662.5	3672.1	7.0064		
2—2'	100.4063	6.21	8.06	3867.6	3872.2	2.7425	2.9867	全新世
	74.0002	6.21	8.06	3867.6	3872.2	3.2310		
3—3'	111.6464	6.29	12.16	3863.2	3872	2.2464	2.6041	全新世
	200.3702	6.29	12.16	3863.2	3872	2.9617		

测线 名称	断层下、 上盘趋近点	断层下 盘斜率 （%）	断层上 盘斜率 （%）	断层下 盘截距	断层上 盘截距	垂直最小、 最大位错量	垂直位错 量平均值	地表断层陡坎 的推测年代
4—4'	17.2742	4.30	14.23	3857.9	3860.8	4.6153	8.0453	早—中 更新世
	86.3575	4.30	14.23	3857.9	3860.8	11.4753		
5—5'	290.3182	6.86	13.15	3883.4	3906.8	5.1390	8.2961	早—中 更新世
	189.9339	6.86	13.15	3883.4	3906.8	11.4532		
	513.5101	3.51	6.86	3862.3	3883.4	3.8974	4.5721	晚更新世
	473.2282	3.51	6.86	3862.3	3883.4	5.2469		
6—6'	121.1124	5.20	5.41	3868.8	3871.2	2.1457	2.1909	全新世
	78.0776	5.20	5.41	3868.8	3871.2	2.2360		
7—7'	137.8842	3.54	10.89	3868.2	3879.9	1.5655	5.3548	晚更新世
	33.4151	3.54	10.89	3868.2	3879.8	9.1440		
8—8'	262.9472	6.32	11.58	3868.7	3885.4	2.8690	3.3066	晚更新世
	246.3091	6.32	11.58	3868.7	3885.4	3.7441		
9—9'	207.4359	6.03	7.85	3829.7	3836.6	3.1247	3.5598	晚更新世
	159.615	6.03	7.85	3829.7	3836.6	3.9950		
	104.7613	7.85	11.71	3836.6	3841.5	0.8562	1.7882	全新世
	56.3238	7.85	11.72	3836.6	3841.5	2.7203		
10—10'	82.9372	8.20	6.43	3744.8	3742.6	0.7320	1.3474	全新世
	13.3988	8.20	6.43	3744.8	3742.6	1.9628		
	218.6948	5.51	8.20	3741.8	3744.8	2.8829	2.0206	全新世
	154.5869	5.51	8.20	3741.8	3744.8	1.1584		
11—11'	363.231	3.76	5.30	3734.1	3741.2	1.5062	1.8393	全新世
	319.973	3.76	5.30	3734.1	3741.2	2.1724		
	238.9924	5.30	6.43	3741.2	3744.5	0.5994	0.7908	全新世
	205.1151	5.30	6.43	3741.2	3744.5	0.9822		
	60.7866	6.43	2.87	3744.5	3746.3	3.9640	3.3865	晚更新世
	28.3449	6.43	2.87	3744.5	3746.3	2.8091		

续表

测线名称	断层下、上盘趋近点	断层下盘斜率（%）	断层上盘斜率（%）	断层下盘截距	断层上盘截距	垂直最小、最大位错量	垂直位错量平均值	地表断层陡坎的推测年代
12—12'	37.8933	11.57	13.82	3754.9	3752.7	3.0526	3.6891	晚更新世
	94.473	11.57	13.82	3754.9	3752.7	4.3256		
	372.3295	6.42	6.61	3743.2	3746	2.0926	2.1213	全新世
	342.0696	6.42	6.61	3743.2	3746	2.1501		
13—13'	118.0691	4.56	11.15	3729.3	3740.5	3.4192	5.2379	晚更新世
	62.8738	4.56	11.15	3729.3	3740.5	7.0566		
14—14'	93.6569	13.64	21.18	3740.1	3744.3	2.8617	1.6042	全新世
	51.1051	13.64	21.18	3740.1	3744.3	0.3467		
	239.852	5.10	13.64	3721.7	3740.1	2.0834	2.2515	全新世
	187.1234	5.10	13.64	3721.7	3740.1	2.4197		
15—15'	92.4959	12.39	7.91	3739	3733.1	1.7562	3.0167	晚更新世
	36.2236	12.39	7.91	3739	3733.1	4.2772		
	295.1317	6.06	12.39	3719.7	3739	0.6182	2.2987	全新世
	242.0336	6.06	12.39	3719.7	3739	3.9793		
16—16'	306.2422	5.30	6.12	3691.8	3697.1	2.7888	3.0091	晚更新世
	252.5215	5.30	6.12	3691.8	3697.1	3.2293		
	371.6644	6.75	5.30	3694.3	3691.8	2.8891	2.6172	全新世
	334.1617	6.75	5.3	3694.3	3691.8	2.3453		
17—17'	59.5842	9.37	9.98	3687.5	3687.5	0.3635	0.5396	全新世
	117.3488	9.37	9.98	3687.5	3687.5	0.7158		
18—18'	54.107	13.73	17.16	3675.9	3678	0.2441	0.6852	全新世
	28.3879	13.73	17.16	3675.9	3678	1.1263		

野外调查认为，断层陡坎发育在山前的两期冲洪积扇体上，两期冲洪积扇面的测年结果分别为 3.6±0.1 和 19.5±0.8ka。

实测断层地表陡坎剖面共 18 条（图 5.22），根据断层陡坎上、下面的趋近点、斜率及截距，计算出 29 个断层实际陡坎高度，统计高度在 0.5396～9.2961m。自北向南，全新世和晚更新世时期陡坎高度有逐渐变小的趋势，基本上全新世时期陡坎高度是晚更新世的一半（图 5.23）。

其中全新世地表陡坎高度在 0.5396～2.9867m，该断层陡坎的平均高度代表全新世该段断层的累计位错量，采用蒙特·卡罗方法计算得到平均高度为 1.8457m，误差为一个标准差，方差为 0.7340，陡坎所在冲洪积扇体形成年代的实际测年结果为 3.6±0.1ka，由此推算的垂直滑动速率为 0.51mm/a；晚更新世地表陡坎高度在 3.0091～5.6515m，该断层陡坎的平均高度代表晚更新世该段断层的累计位错量，误差为一个标准差，采用蒙特·卡罗方法计算得到平均高度为 4.1087m，误差为一个标准差，方差为 1.1501，陡坎所在冲洪积扇体形成年代的实际测年结果为 19.5±0.8ka，由此推算的垂直滑动速率为 0.21mm/a。

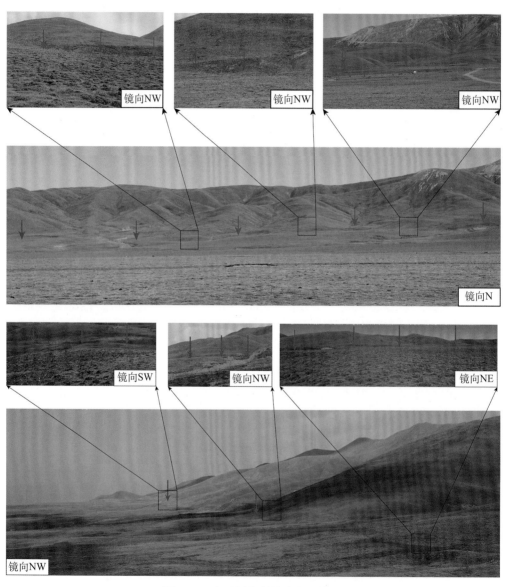

图 5.20　大通河段断层陡坎地貌图

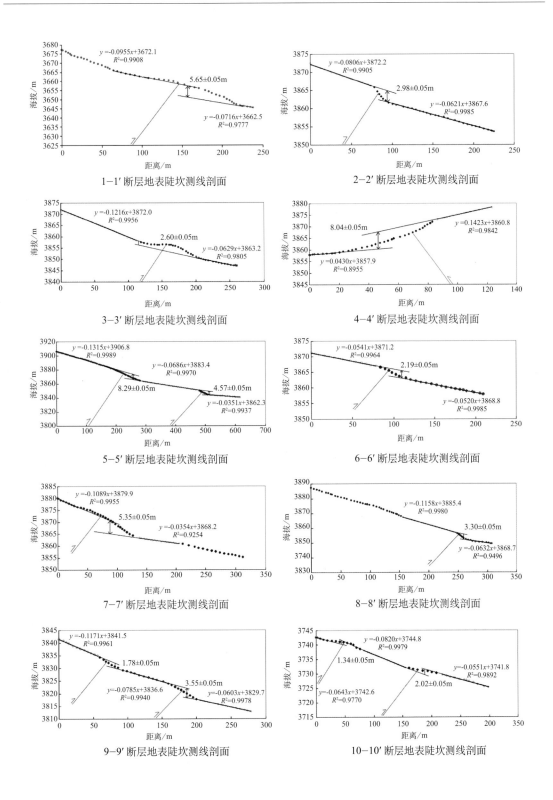

1-1′断层地表陡坎测线剖面

2-2′断层地表陡坎测线剖面

3-3′断层地表陡坎测线剖面

4-4′断层地表陡坎测线剖面

5-5′断层地表陡坎测线剖面

6-6′断层地表陡坎测线剖面

7-7′断层地表陡坎测线剖面

8-8′断层地表陡坎测线剖面

9-9′断层地表陡坎测线剖面

10-10′断层地表陡坎测线剖面

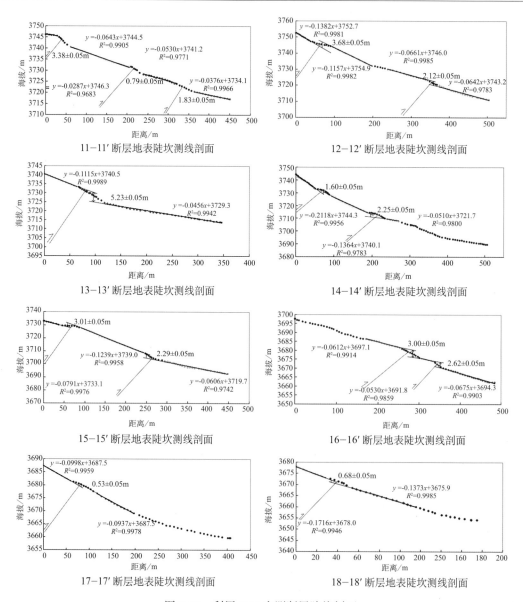

11-11′ 断层地表陡坎测线剖面

12-12′ 断层地表陡坎测线剖面

13-13′ 断层地表陡坎测线剖面

14-14′ 断层地表陡坎测线剖面

15-15′ 断层地表陡坎测线剖面

16-16′ 断层地表陡坎测线剖面

17-17′ 断层地表陡坎测线剖面

18-18′ 断层地表陡坎测线剖面

图 5.21　利用 RTK 实测断层陡坎剖面

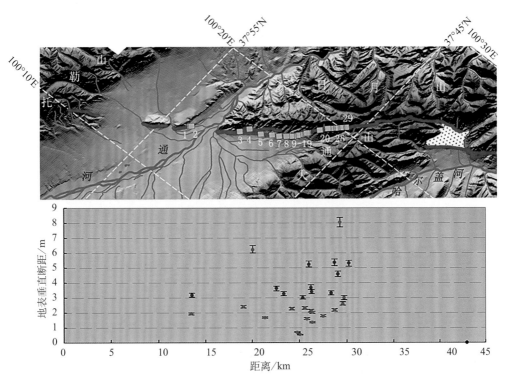

图 5.22　沿断层走向（由北西至南东）测量的大通河段断层地表垂直断距与距离的分布图
填绘的地表破裂带标注在位移图的上方，用来概略的展示测量位移值的相对位置，灰色方框为测线
在断层陡坎上的位置；红色点为全新世地表断层陡坎垂直高度点，紫色点为晚更新世地表断层陡坎
垂直高度点，蓝色点为早—中更新世地表断层陡坎垂直高度点

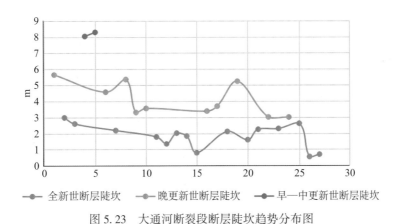

图 5.23　大通河断裂段断层陡坎趋势分布图

5.3.2　热水段断裂段地表陡坎

热水段全长 55km，野外调查显示断层陡坎较明显，断裂在山前的冲洪积扇体上，形成一系列的断层陡坎（图 5.24）。

共布设了 54 条测线，对断层中段地表陡坎进行了 RTK 测量，共测算出 67 条断层陡坎，图 5.25 表示利用 RTK 实测断层陡坎剖面，测量获得的相关数据见表 5.2。

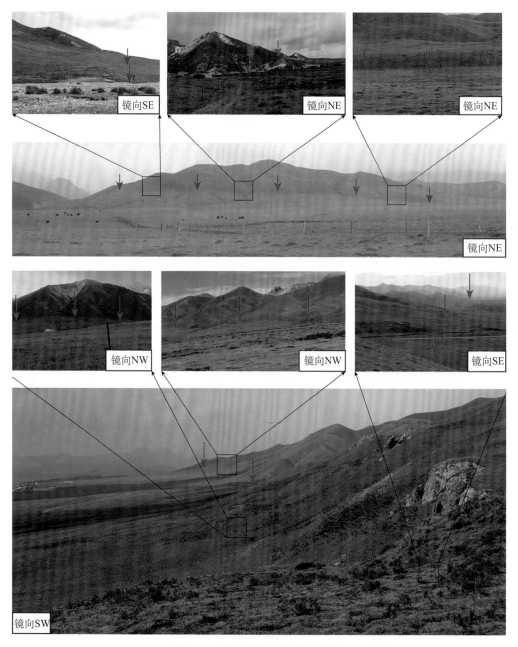

图 5.24　热水段断层陡坎地貌图

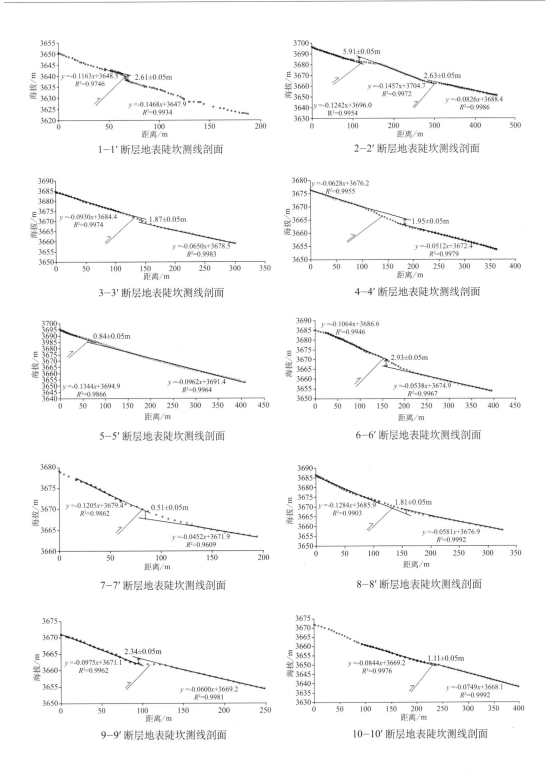

1-1′断层地表陡坎测线剖面

2-2′断层地表陡坎测线剖面

3-3′断层地表陡坎测线剖面

4-4′断层地表陡坎测线剖面

5-5′断层地表陡坎测线剖面

6-6′断层地表陡坎测线剖面

7-7′断层地表陡坎测线剖面

8-8′断层地表陡坎测线剖面

9-9′断层地表陡坎测线剖面

10-10′断层地表陡坎测线剖面

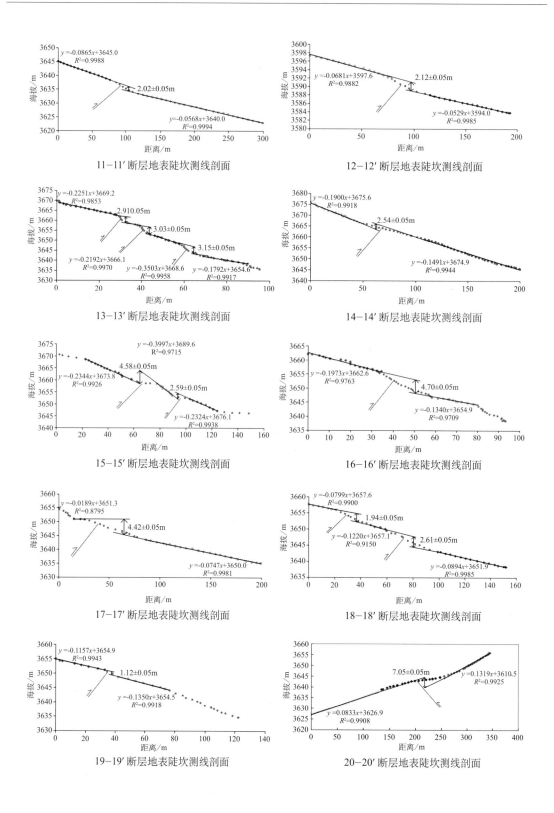

11-11′断层地表陡坎测线剖面

12-12′断层地表陡坎测线剖面

13-13′断层地表陡坎测线剖面

14-14′断层地表陡坎测线剖面

15-15′断层地表陡坎测线剖面

16-16′断层地表陡坎测线剖面

17-17′断层地表陡坎测线剖面

18-18′断层地表陡坎测线剖面

19-19′断层地表陡坎测线剖面

20-20′断层地表陡坎测线剖面

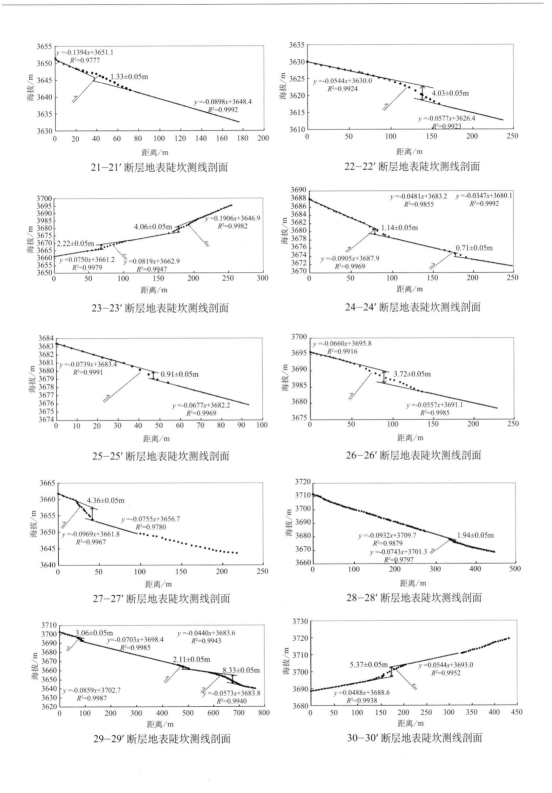

21—21′断层地表陡坎测线剖面

22—22′断层地表陡坎测线剖面

23—23′断层地表陡坎测线剖面

24—24′断层地表陡坎测线剖面

25—25′断层地表陡坎测线剖面

26—26′断层地表陡坎测线剖面

27—27′断层地表陡坎测线剖面

28—28′断层地表陡坎测线剖面

29—29′断层地表陡坎测线剖面

30—30′断层地表陡坎测线剖面

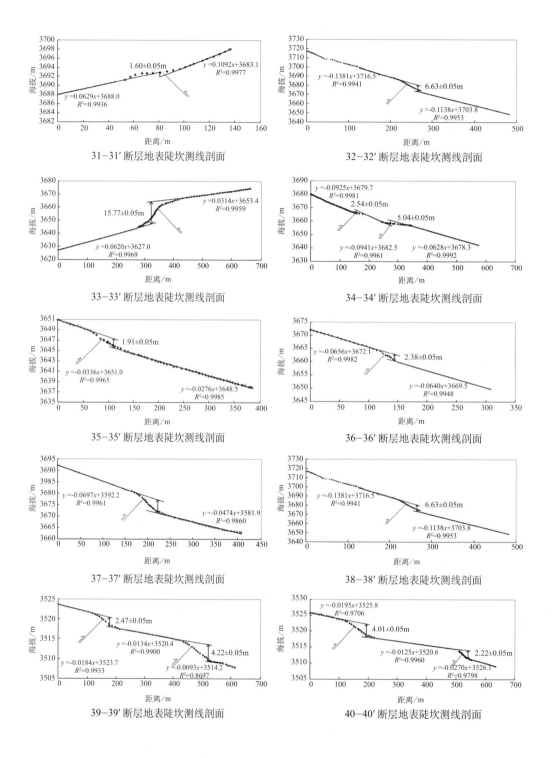

31-31′断层地表陡坎测线剖面

32-32′断层地表陡坎测线剖面

33-33′断层地表陡坎测线剖面

34-34′断层地表陡坎测线剖面

35-35′断层地表陡坎测线剖面

36-36′断层地表陡坎测线剖面

37-37′断层地表陡坎测线剖面

38-38′断层地表陡坎测线剖面

39-39′断层地表陡坎测线剖面

40-40′断层地表陡坎测线剖面

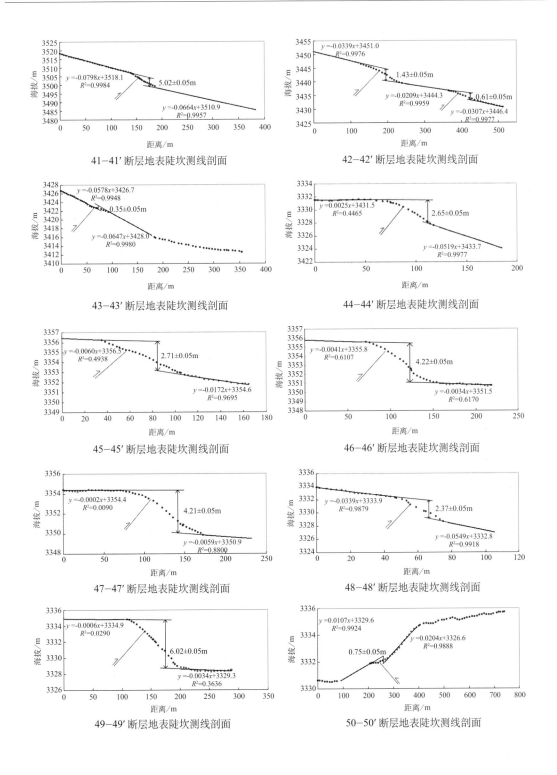

41—41′断层地表陡坎测线剖面

42—42′断层地表陡坎测线剖面

43—43′断层地表陡坎测线剖面

44—44′断层地表陡坎测线剖面

45—45′断层地表陡坎测线剖面

46—46′断层地表陡坎测线剖面

47—47′断层地表陡坎测线剖面

48—48′断层地表陡坎测线剖面

49—49′断层地表陡坎测线剖面

50—50′断层地表陡坎测线剖面

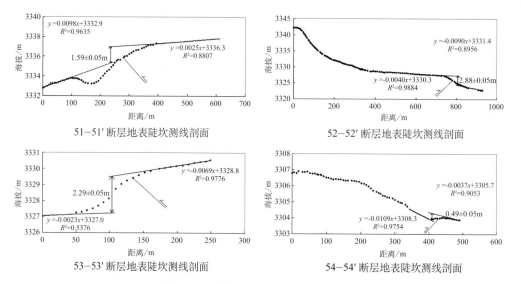

51—51′断层地表陡坎测线剖面　　　　　52—52′断层地表陡坎测线剖面

53—53′断层地表陡坎测线剖面　　　　　54—54′断层地表陡坎测线剖面

图 5.25　利用 RTK 实测断层陡坎剖面

表 5.2　热水段地表断层陡坎的相关测量参数

测线名称	断层下、上盘趋近点	断层下盘斜率（％）	断层上盘斜率（％）	断层下盘截距	断层上盘截距	垂直最小、最大位错量	垂直位错量平均值	地表断层陡坎的推测年代
1—1′	62.4253	0.1468	0.1163	3647.9	3648.5	2.5040	2.6185	全新世
	69.936	0.1468	0.1163	3647.9	3648.5	2.7330		
2—2′	102.4356	0.1457	0.1242	3704.7	3696.0	6.4976	5.9181	晚更新世
	156.3477	0.1457	0.1242	3704.7	3696.0	5.3385		
	272.0625	0.0826	0.1457	3688.4	3704.7	0.8671	2.6308	全新世
	327.9617	0.0826	0.1457	3688.4	3704.7	4.3944		
3—3′	182.8269	0.0650	0.0930	3678.5	3684.4	0.7808	1.8719	全新世
	104.893	0.0650	0.0930	3678.5	3684.4	2.9630		
4—4′	214.3334	0.0512	0.0628	3672.4	3676.2	1.3137	1.9595	全新世
	102.9905	0.0512	0.0628	3672.4	3676.2	2.6053		
5—5′	95.7611	0.0962	0.1344	3691.4	3694.9	0.1581	0.8472	全新世
	43.1265	0.0962	0.1344	3691.4	3694.9	1.8526		
6—6′	211.4606	0.0538	0.1064	3674.9	3686.6	0.5772	2.9354	全新世
	121.795	0.0538	0.1064	3674.9	3686.6	5.2936		
7—7′	60.4016	0.0452	0.1205	3671.9	3679.4	2.9518	0.5058	全新世
	125.3683	0.0452	0.1205	3671.9	3679.4	1.9402		

续表

测线名称	断层下、上盘趋近点	断层下盘斜率（%）	断层上盘斜率（%）	断层下盘截距	断层上盘截距	垂直最小、最大位错量	垂直位错量平均值	地表断层陡坎的推测年代
8—8'	109.5654	0.0581	0.1284	3676.9	3685.9	1.2976	1.8052	全新世
	197.8365	0.0581	0.1284	3676.9	3685.9	4.9079		
9—9'	90.7425	0.0600	0.0975	3669.2	3671.1	1.5028	2.3418	全新世
	135.4848	0.0600	0.0975	3669.2	3671.1	3.1807		
10—10'	214.495	0.0749	0.0844	3668.1	3669.2	0.9377	1.1148	全新世
	251.7757	0.0749	0.0844	3668.1	3669.2	1.2919		
11—11'	124.4227	0.0568	0.0865	3640.0	3645.0	1.3046	2.0222	全新世
	76.1059	0.0568	0.0865	3640.0	3645.0	2.7397		
12—12'	115.3909	0.0529	0.0681	3594.0	3597.6	1.8461	2.1269	全新世
	78.4444	0.0529	0.0681	3594.0	3597.6	2.4076		
13—13'	33.6213	0.2192	0.2251	3666.1	3669.2	2.9016	2.9177	全新世
	28.1705	0.2192	0.2251	3666.1	3669.2	2.9338		
	38.2938	0.3503	0.2192	3668.6	3666.1	2.5203	3.0316	全新世
	46.0936	0.3503	0.2192	3668.6	3666.1	3.5429		
	68.9006	0.1792	0.3503	3654.6	3668.6	2.2111	3.1568	全新世
	57.8464	0.1792	0.3503	3654.6	3668.6	4.1025		
14—14'	50.3247	0.1491	0.1900	3674.9	3675.6	1.3583	2.5490	全新世
	108.5522	0.1491	0.1900	3674.9	3675.6	3.7398		
15—15'	77.4295	0.3997	0.2344	3689.6	3673.8	3.0009	4.5826	晚更新世
	58.2925	0.3997	0.2344	3689.6	3673.8	6.1642		
	89.4345	0.2324	0.3997	3676.1	3689.6	1.4624	2.5968	全新世
	102.9958	0.2324	0.3997	3676.1	3689.6	3.7312		
16—16'	61.0828	0.1340	0.1973	3654.9	3662.6	3.8335	4.7023	晚更新世
	33.6313	0.1340	0.1973	3654.9	3662.6	5.5711		
17—17'	25.7747	0.0747	0.0189	3650.0	3651.3	2.7382	4.4241	晚更新世
	86.2012	0.0747	0.0189	3650.0	3651.3	6.1100		

测线名称	断层下、上盘趋近点	断层下盘斜率（%）	断层上盘斜率（%）	断层下盘截距	断层上盘截距	垂直最小、最大位错量	垂直位错量平均值	地表断层陡坎的推测年代
18—18'	99.1215	0.0894	0.1220	3651.9	3657.1	1.9686	2.6129	全新世
	59.5939	0.0894	0.1220	3651.9	3657.1	3.2572		
	21.0437	0.1220	0.0799	3657.1	3657.6	1.3859	1.9434	全新世
	47.5256	0.1220	0.0799	3657.1	3657.6	2.5008		
19—19'	32.8858	0.1350	0.1157	3654.5	3654.9	1.0347	1.1231	全新世
	42.0503	0.1350	0.1157	3654.5	3654.9	1.2116		
20—20'	128.7962	0.0833	0.1319	3626.9	3610.5	10.1405	7.0597	早—中更新世
	255.5783	0.0833	0.1319	3626.9	3610.5	3.9789		
21—21'	76.7668	0.0898	0.1394	3648.4	3651.1	1.1076	1.3380	全新世
	22.8138	0.0898	0.1394	3648.4	3651.1	1.5684		
22—22'	98.1872	0.0577	0.0544	3626.4	3630.0	3.9240	4.0347	晚更新世
	165.2395	0.0577	0.0544	3626.4	3630.0	4.1453		
23—23'	159.4649	0.0819	0.1906	3662.9	3646.9	1.3338	4.0693	晚更新世
	209.7956	0.0819	0.1906	3662.9	3646.9	6.8048		
	44.5563	0.0750	0.0819	3661.2	3662.9	2.0074	2.2227	全新世
	106.9639	0.0750	0.0819	3661.2	3662.9	2.4381		
24—24'	101.6717	0.0481	0.0905	3683.2	3687.9	0.3891	1.1447	全新世
	66.0312	0.0481	0.0905	3683.	3687.9	1.9003		
	198.0729	0.0347	0.0481	3680.1	3683.2	0.4458	0.7129	全新世
	158.2051	0.0347	0.0481	3680.1	3683.2	0.9801		
25—25'	58.7546	0.0677	0.0739	3682.2	3683.4	0.8357	0.9158	全新世
	32.9354	0.0677	0.0739	3682.2	3683.4	0.9958		
26—26'	141.0692	0.0557	0.0660	3691.1	3695.8	3.2470	3.7216	晚更新世
	48.9104	0.0557	0.0660	3691.1	3695.8	4.1962		
27—27'	47.1273	0.0755	0.0969	3656.7	3661.8	4.0915	4.3628	晚更新世
	21.7724	0.0755	0.0969	3656.7	3661.8	4.6341		
28—28'	353.4176	0.0743	0.0932	3701.3	3709.7	1.7204	1.9409	全新世
	330.0873	0.0743	0.0932	3701.3	3709.7	2.1614		

测线 名称	断层下、 上盘趋近点	断层下 盘斜率 （%）	断层上 盘斜率 （%）	断层下 盘截距	断层上 盘截距	垂直最小、 最大位错量	垂直位错 量平均值	地表断层陡坎 的推测年代
29—29'	97.727	0.0703	0.0859	3698.4	3702.7	2.7755	3.0674	全新世
	60.303	0.0703	0.0859	3698.4	3702.7	3.3593		
	515.132	0.0440	0.0703	3683.6	3698.4	1.2520	2.1086	全新世
	449.9906	0.0440	0.0703	3683.6	3698.4	2.9652		
	709.2564	0.0573	0.0440	3683.8	3683.6	9.2331	8.3343	早—中 更新世
	574.0986	0.0573	0.0440	3683.8	3683.6	7.4355		
30—30'	137.0718	0.0488	0.0544	3688.6	3693.0	5.1676	5.3756	晚更新世
	211.3473	0.0488	0.0544	3688.6	3693.0	5.5835		
31—31'	96.7362	0.0629	0.1092	3688.0	3683.1	0.4211	1.6041	全新世
	45.6358	0.0629	0.1092	3688.0	3683.1	2.7871		
32—32'	275.5365	0.1138	0.1381	3703.8	3716.5	6.0045	6.6332	早—中 更新世
	223.7864	0.1138	0.1381	3703.8	3716.5	7.2620		
33—33'	422.8362	0.0620	0.0314	3627.0	3653.4	13.4612	15.7777	早—中 更新世
	271.429	0.0620	0.0314	3627.0	3653.4	18.0943		
34—34'	184.5855	0.0941	0.0925	3682.5	3679.7	2.5047	2.5467	全新世
	132.0285	0.0941	0.0925	3682.5	3679.7	2.5888		
	238.7018	0.0628	0.0941	3678.3	3682.5	3.2714	5.0432	晚更新世
	351.9182	0.0628	0.0941	3678.3	3682.5	6.8150		
35—35'	133.1918	0.0276	0.0336	3648.5	3651.0	1.7008	1.9067	全新世
	64.584	0.0276	0.0336	3648.5	3651.0	2.1125		
36—36'	149.3749	0.0640	0.0656	3669.5	3672.1	2.3610	2.3892	全新世
	114.1162	0.0640	0.0656	3669.5	3672.1	2.4174		
37—37'	226.7998	0.0474	0.0697	3581.9	3592.2	5.2424	5.9929	晚更新世
	159.4879	0.0474	0.0697	3581.9	3592.2	6.7434		
38—38'	167.7425	0.0222	0.0124	3522.6	3521.2	0.2439	0.5495	全新世
	55.6038	0.0222	0.0124	3522.6	3521.2	0.8551		

测线名称	断层下、上盘趋近点	断层下盘斜率（%）	断层上盘斜率（%）	断层下盘截距	断层上盘截距	垂直最小、最大位错量	垂直位错量平均值	地表断层陡坎的推测年代
39—39'	219.6268	0.0134	0.0184	3520.4	3523.7	2.2019	2.4773	全新世
	109.436	0.0134	0.0184	3520.4	3523.7	2.7528		
	538.4398	0.0093	0.0134	3514.2	3520.4	3.9924	4.2223	晚更新世
	426.3083	0.0093	0.0134	3514.2	3520.4	4.4521		
40—40'	227.8601	0.0125	0.0195	3520.6	3525.8	3.6050	4.0114	晚更新世
	111.7285	0.0125	0.0195	3520.6	3525.8	4.4179		
	506.2819	0.0270	0.0125	3526.1	3520.6	1.8411	2.2241	全新世
	559.1152	0.0270	0.0125	3526.1	3520.6	2.6072		
41—41'	190.3821	0.0664	0.0798	3510.9	3518.1	4.6489	5.0227	晚更新世
	134.5821	0.0664	0.0798	3510.9	3518.1	5.3966		
42—42'	450.199	0.0209	0.0339	3444.3	3451.	0.8474	1.4301	全新世
	360.5625	0.0209	0.0339	3444.3	3451.0	2.0127		
	247.6763	0.0307	0.0209	3446.4	3444.3	0.3272	0.6157	全新世
	122.027	0.0307	0.0209	3446.4	3444.3	0.9041		
43—43'	178.1328	0.0647	0.0578	3428.0	3426.7	0.0709	0.3537	全新世
	96.1463	0.0647	0.0578	3428.0	3426.7	0.6366		
44—44'	55.0392	0.0519	0.0025	3433.7	3431.5	0.7941	2.6578	全新世
	123.5549	0.0519	0.0025	3433.7	3431.5	4.5214		
45—45'	33.9304	0.0172	0.0060	3354.6	3356.5	2.2800	2.7143	全新世
	111.4875	0.0172	0.0060	3354.6	3356.5	3.1487		
46—46'	157.9256	0.0034	0.0041	3351.5	3355.8	4.1895	4.2214	晚更新世
	66.732	0.0034	0.0041	3351.5	3355.8	4.2533		
47—47'	74.4196	0.0059	0.0002	3350.9	3354.4	3.9242	4.2125	晚更新世
	175.5892	0.0059	0.0002	3350.9	3354.4	4.5009		
48—48'	43.8038	0.0549	0.0339	3332.8	3333.9	2.0199	2.3795	全新世
	78.0501	0.0549	0.0339	3332.8	3333.9	2.7391		
49—49'	103.5398	0.0034	0.0006	3329.3	3334.9	5.8899	6.0263	晚更新世
	200.9931	0.0034	0.0006	3329.3	3334.9	6.1628		

续表

测线名称	断层下、上盘趋近点	断层下盘斜率（%）	断层上盘斜率（%）	断层下盘截距	断层上盘截距	垂直最小、最大位错量	垂直位错量平均值	地表断层陡坎的推测年代
50—50'	265.83	0.0107	0.0204	3329.6	3326.6	0.4214	0.7538	全新世
	197.2973	0.0107	0.0204	3329.6	3326.6	1.0862		
51—51'	397.6982	0.0098	0.0025	3332.9	3336.3	0.4968	1.5938	全新世
	97.1532	0.0098	0.0025	3332.9	3336.3	2.6908		
52—52'	728.2625	0.0090	0.0040	3331.4	3330.3	2.5413	2.8845	全新世
	865.5247	0.0090	0.0040	3331.4	3330.3	3.2276		
53—53'	43.5036	0.0023	0.0069	3327.0	3328.8	2.0001	2.2984	全新世
	173.1885	0.0023	0.0069	3327.0	3328.8	2.5967		
54—54'	398.8299	0.0037	0.0109	3305.7	3308.3	0.2716	0.4987	全新世
	461.9091	0.0037	0.0109	3305.7	3308.3	0.7257		

野外调查认为，断层陡坎发育在山前的两期冲洪积扇体上，测年结果分别为 3.6±0.1 和 19.5±0.8ka。

实测断层地表陡坎剖面共 54 条（图 5.26），根据断层陡坎上、下面的趋近点、斜率及截距，计算出 67 个断层实际陡坎高度，统计高度在 0.4987~15.7777m。自北向南，全新世和晚更新世时期陡坎高度有逐渐变小的趋势，基本上晚更新世时期陡坎高度是全新世时期陡坎高度的 2 倍左右（图 5.27）。

其中全新世地表陡坎高度在 0.4987~2.9354m，该断层陡坎的平均高度代表全新世该段断层的累计位错量，采用蒙特·卡罗方法计算得到平均高度为 1.7933m，误差为一个标准差，方差为 0.7735，陡坎所在冲洪积扇体形成年代的实际测年结果为 3.6±0.1ka，由此推算的垂直滑动速率为 0.50mm/a；晚更新世地表陡坎高度在 3.0316~5.9929m，该断层陡坎的平均高度代表晚更新世该段断层的累计位错量，误差为一个标准差，采用蒙特·卡罗方法计算得到平均高度为 4.3683m，误差为一个标准差，方差为 0.8617，陡坎所在冲洪积扇体形成年代的实际测年结果为 19.5±0.8ka，由此推算的垂直滑动速率为 0.22mm/a。

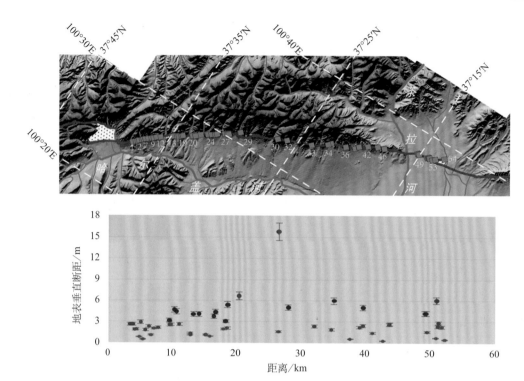

图 5.26　沿断层走向测量的热水段断层的地表垂直断距与距离的分布图

填绘的地表破裂带标注在位移图的上方，用来概略的展示测量位移值的相对位置，灰色方框
为测线在断层陡坎上的位置；红色点为全新世地表断层陡坎垂直高度点，紫色点为晚更新世
地表断层陡坎垂直高度点，蓝色点为早—中更新世地表断层陡坎垂直高度点

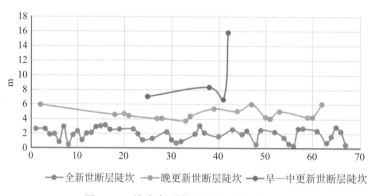

图 5.27　热水断裂断层陡坎趋势分布图

5.3.3　德州断裂段地表陡坎测量

德州段全长 24km，野外调查显示断层陡坎较明显，在山前的冲洪积扇体上，形成一系列的断层陡坎（图 5.28）。

图 5.28　德州段断层陡坎地貌图

　　共布设了 23 条测线，对断层中段地表陡坎进行了 RTK 测量，共测算出 25 条断层陡坎（图 5.29，测量数据见表 5.3）。

　　野外调查认为，断层陡坎发育在山前的两期冲洪积扇体上，测年结果分别为 3.6±0.1 和 19.5±0.8ka。

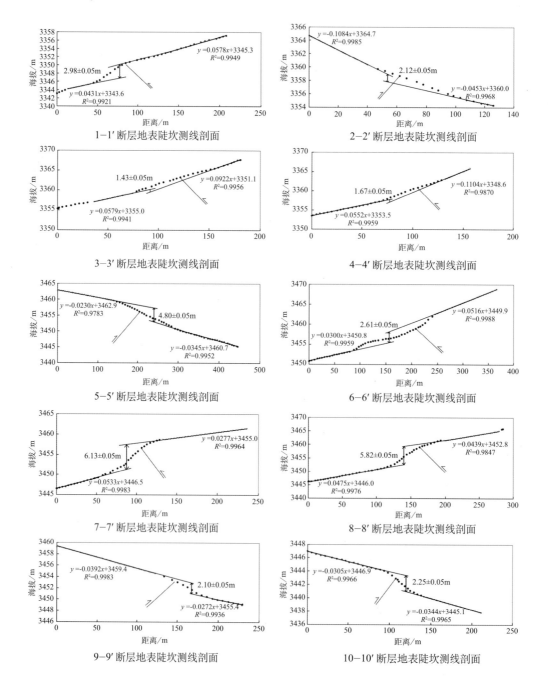

1-1′断层地表陡坎测线剖面

2-2′断层地表陡坎测线剖面

3-3′断层地表陡坎测线剖面

4-4′断层地表陡坎测线剖面

5-5′断层地表陡坎测线剖面

6-6′断层地表陡坎测线剖面

7-7′断层地表陡坎测线剖面

8-8′断层地表陡坎测线剖面

9-9′断层地表陡坎测线剖面

10-10′断层地表陡坎测线剖面

　　实测断层地表陡坎剖面共 23 条（图 5.30），根据断层陡坎上、下面的趋近点、斜率及截距，计算出 25 个断层实际陡坎高度，高度在 0.8459~11.0471m。自北向南，全新世和晚更新世时期陡坎高度变化不大，基本上晚更新世时期陡坎高度是全新世时期陡坎高度的 2 倍左右（图 5.31）。

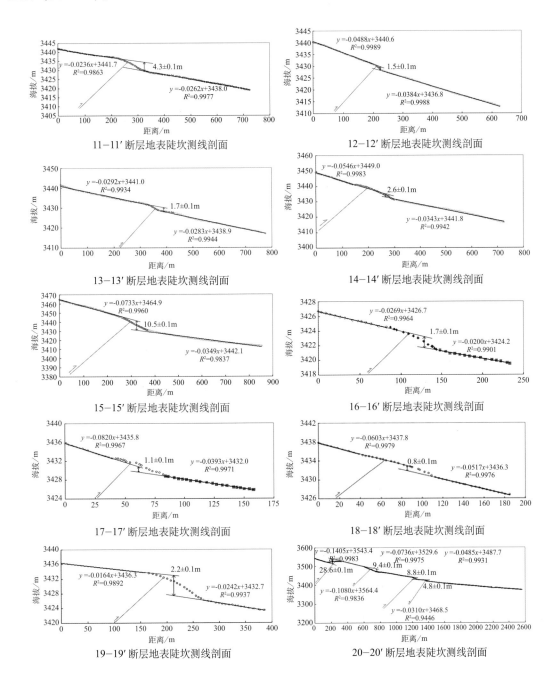

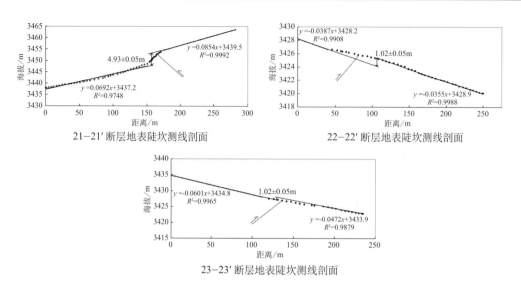

21—21′断层地表陡坎测线剖面　　　　22—22′断层地表陡坎测线剖面

23—23′断层地表陡坎测线剖面

图 5.29　利用 RTK 实测断层陡坎剖面图

表 5.3　德州段地表断层陡坎的相关测量参数

测线名称	断层下、上盘趋近点	断层下盘斜率（%）	断层上盘斜率（%）	断层下盘截距	断层上盘截距	垂直最小、最大位错量	垂直位错量平均值	地表断层陡坎的推测年代
1—1′	41.1497	0.0431	0.0578	3343.6	3345.3	2.3049	2.9867	全新世
	133.9169	0.0431	0.0578	3343.6	3345.3	3.6686		
2—2′	71.3015	0.0552	0.1104	3353.5	3348.6	0.9642	1.6729	全新世
	131.9135	0.0552	0.1104	3353.5	3348.6	2.3816		
3—3′	74.8892	0.0579	0.0922	3355.0	3351.1	1.3313	1.4384	全新世
	158.7606	0.0579	0.0922	3355.0	3351.1	1.5455		
4—4′	107.5194	0.0453	0.1084	3360.0	3364.7	2.0845	2.1207	全新世
	40.3019	0.0453	0.1084	3360.0	3364.7	2.1570		
5—5′	140.4133	0.0345	0.0230	3460.7	3462.9	3.8148	4.8000	晚更新世
	311.7544	0.0345	0.0230	3460.7	3462.9	5.7852		
6—6′	79.9737	0.0300	0.0516	3450.8	3449.9	0.8274	2.6100	全新世
	245.0306	0.0300	0.0516	3450.8	3449.9	4.3927		
7—7′	132.7131	0.0533	0.0277	3446.5	3455.0	5.1025	6.1355	早—中更新世
	52.0135	0.0533	0.0277	3446.5	3455.0	7.1685		
8—8′	333.467	0.0475	0.0439	3446.0	3452.8	5.5995	5.8264	晚更新世
	207.4359	0.0475	0.0439	3446.0	3452.8	6.0532		

测线名称	断层下、上盘趋近点	断层下盘斜率（%）	断层上盘斜率（%）	断层下盘截距	断层上盘截距	垂直最小、最大位错量	垂直位错量平均值	地表断层陡坎的推测年代
9—9'	192.8836	0.0272	0.0392	3455.4	3459.4	1.6854	2.1076	全新世
	122.5149	0.0272	0.0392	3455.4	3459.	2.5298		
10—10'	89.1957	0.0344	0.0305	3445.1	3446.9	2.1479	2.2502	全新世
	141.6518	0.0344	0.0305	3445.1	3446.9	2.3524		
11—11'	150.4606	0.0692	0.0854	3437.2	3439.5	4.7375	4.9320	晚更新世
	174.475	0.0692	0.0854	3437.2	3439.5	5.1265		
12—12'	207.4359	0.0236	0.0262	3441.70	3438.0	4.1985	4.3624	晚更新世
	333.467	0.0236	0.0262	3441.70	3438.0	4.5262		
13—13'	375.2118	0.0733	0.0349	3464.9	3442.1	8.3919	10.5677	早—中更新世
	261.8885	0.0733	0.0349	3464.9	3442.1	12.7435		
14—14'	229.7915	0.0488	0.0384	3440.6	3436.8	1.4102	1.5526	全新世
	202.4099	0.0488	0.0384	3440.6	3436.8	1.6949		
15—15'	430.9048	0.0292	0.0283	3441.0	3438.9	1.7122	1.7577	全新世
	329.6567	0.0292	0.0283	3441.0	3438.9	1.8033		
16—16'	307.7587	0.0546	0.0343	3449.0	3441.8	0.9525	2.6331	全新世
	142.1871	0.0546	0.0343	3449.0	3441.8	4.3136		
17—17'	269.8494	0.0242	0.0164	3432.7	3436.3	0.4	2.2189	全新世
	158.7051	0.0242	0.0164	3432.7	3436.3	4.8379		
18—18'	148.0277	0.0200	0.0269	3424.2	3426.7	1.4786	1.7058	全新世
	82.1722	0.0200	0.0269	3424.2	3426.7	1.9330		
19—19'	328.1593	0.1080	0.1405	3564.4	3543.4	0.4000	11.0471	早—中更新世
	144.4357	0.1080	0.1405	3564.4	3543.4	21.6942		
	877.6453	0.0736	0.1080	3529.6	3564.4	0.4000	6.9041	早—中更新世
	598.6007	0.0736	0.1080	3529.6	3564.4	14.2081		
	1264.8631	0.0310	0.0736	3468.5	3529.6	0.4000	5.0106	晚更新世
	1189.6453	0.0310	0.0736	3468.5	3529.6	10.4211		
20—20'	84.1233	0.0393	0.0820	3432.0	3435.8	0.2079	1.1595	全新世
	39.5541	0.0393	0.0820	3432.0	3435.80	2.1110		

续表

测线名称	断层下、上盘趋近点	断层下盘斜率（%）	断层上盘斜率（%）	断层下盘截距	断层上盘截距	垂直最小、最大位错量	垂直位错量平均值	地表断层陡坎的推测年代
21—21'	112.4428	0.0517	0.0603	3436.3	3437.8	0.5330	0.8495	全新世
	38.837	0.0517	0.0603	3436.3	3437.8	1.1660		
22—22'	40.2864	0.0355	0.0387	3428.9	3428.2	0.8289	1.0249	全新世
	162.7724	0.0355	0.0387	3428.9	3428.2	1.2209		
23—23'	112.6208	0.0472	0.0601	3433.9	3434.8	0.5528	1.0269	全新世
	186.1243	0.0472	0.0601	3433.9	3434.8	1.5010		

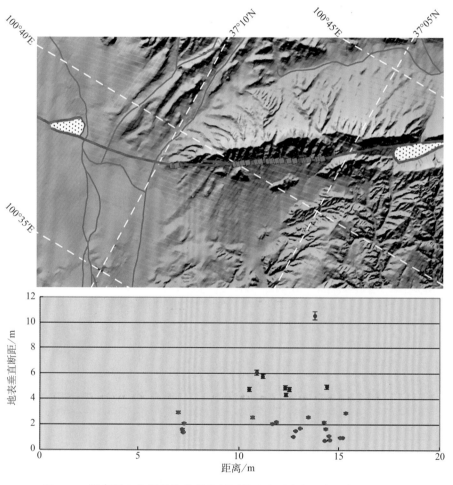

图 5.30　沿断层走向测量的德州段断层的地表垂直断距与距离的分布图
填绘的地表破裂带标注在位移图的上方，用来概略的展示测量位移值的相对位置，灰色方框
为测线在断层陡坎上的位置；红色点为全新世地表断层陡坎垂直高度点，紫色点为晚更新世
地表断层陡坎垂直高度点，蓝色点为早—中更新世地表断层陡坎垂直高度点

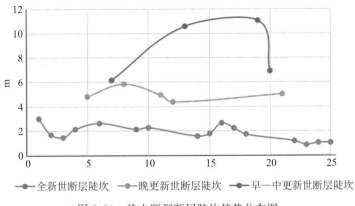

图 5.31 热水断裂断层陡坎趋势分布图

其中全新世地表陡坎高度在 0.8459~2.9867m，该断层陡坎的平均高度代表全新世该段断层的累计位错量，采用蒙特·卡罗方法计算得到平均高度为 1.8197m，误差为一个标准差，方差为 0.6355，陡坎所在冲洪积扇体形成年代的实际测年结果为 3.6±0.1ka，由此推算的垂直滑动速率为 0.51mm/a；晚更新世地表陡坎高度在 4.3624~5.8264m，该断层陡坎的平均高度代表晚更新世该段断层的累计位错量，误差为一个标准差，采用蒙特·卡罗方法计算得到平均高度为 4.9863m，误差为一个标准差，方差为 0.5323，陡坎所在冲洪积扇体形成年代的实际测年结果为 19.5±0.8ka，由此推算的垂直滑动速率为 0.26mm/a。

5.3.4 海晏断裂段地表陡坎测量

海晏段全长 30km，野外调查显示海晏段陡坎较发育，中段陡坎较两端明显（图 5.32）。

沿海晏段断层布设了 37 条测线，对日月山段地表陡坎进行了 RTK 测量，共测算出 44 条断层陡坎（图 5.33，见表 5.4）。

野外调查认为，断层陡坎发育在山前的两期冲洪积扇体上，测年结果分别为 3.6±0.1 和 19.5±0.8ka。

实测断层地表陡坎剖面共 37 条（图 5.34），根据断层陡坎上、下面的趋近点、斜率及截距，计算出 44 个断层实际陡坎高度，高度在 0.3428~6.7766m。自北向南，全新世和晚更新世时期陡坎高度变化不大，基本上晚更新世时期陡坎高度是全新世时期陡坎高度的 2 倍左右（图 5.35）。

其中全新世地表陡坎高度在 0.3428~2.5275m，该断层陡坎的平均高度代表全新世该段断层的累计位错量，采用蒙特·卡罗方法计算得到平均高度为 1.3351m，误差为一个标准差，方差为 0.5808，陡坎所在冲洪积扇体形成年代的实际测年结果为 3.6±0.1ka，由此推算的垂直滑动速率为 0.37mm/a；晚更新世地表陡坎高度在 3.1454~6.7766m，该断层陡坎的平均高度代表晚更新世该段断层的累计位错量，误差为一个标准差，采用蒙特·卡罗方法计算得到平均高度为 4.7008m，误差为一个标准差，方差为 1.2682，陡坎所在冲洪积扇体形成年代的实际测年结果为 19.5±0.8ka，由此推算的垂直滑动速率为 0.24mm/a。

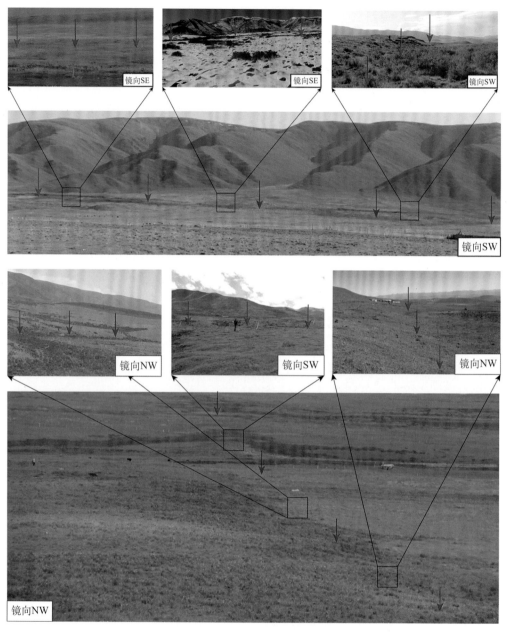

图 5.32　海晏段断层陡坎地貌图

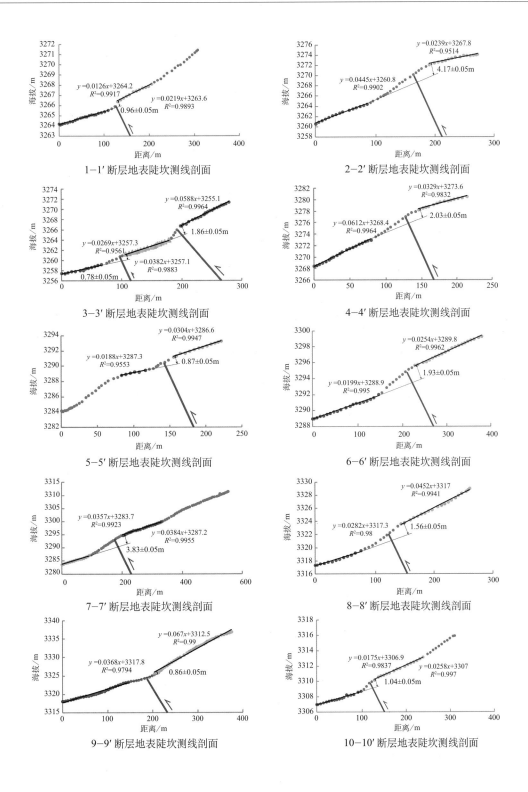

1-1′ 断层地表陡坎测线剖面

2-2′ 断层地表陡坎测线剖面

3-3′ 断层地表陡坎测线剖面

4-4′ 断层地表陡坎测线剖面

5-5′ 断层地表陡坎测线剖面

6-6′ 断层地表陡坎测线剖面

7-7′ 断层地表陡坎测线剖面

8-8′ 断层地表陡坎测线剖面

9-9′ 断层地表陡坎测线剖面

10-10′ 断层地表陡坎测线剖面

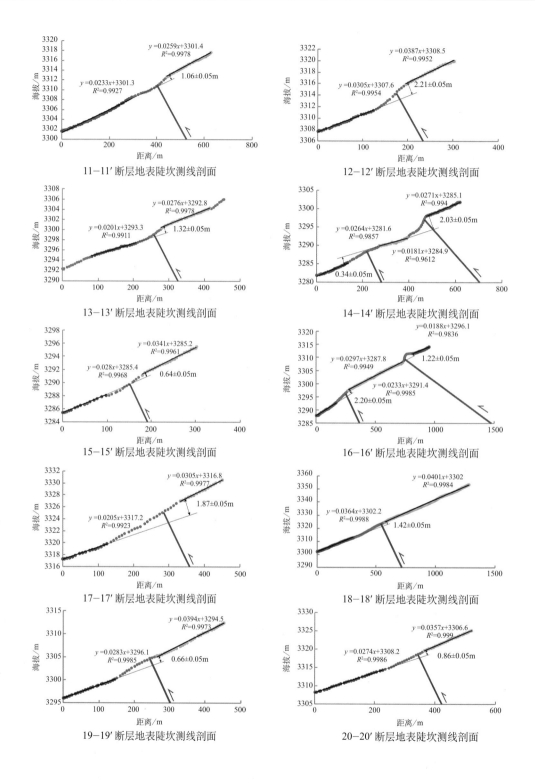

11-11′ 断层地表陡坎测线剖面

12-12′ 断层地表陡坎测线剖面

13-13′ 断层地表陡坎测线剖面

14-14′ 断层地表陡坎测线剖面

15-15′ 断层地表陡坎测线剖面

16-16′ 断层地表陡坎测线剖面

17-17′ 断层地表陡坎测线剖面

18-18′ 断层地表陡坎测线剖面

19-19′ 断层地表陡坎测线剖面

20-20′ 断层地表陡坎测线剖面

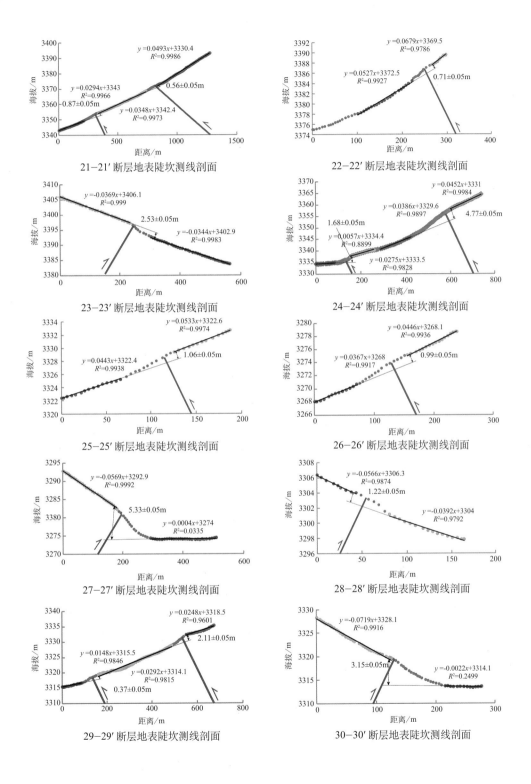

21-21′断层地表陡坎测线剖面

22-22′断层地表陡坎测线剖面

23-23′断层地表陡坎测线剖面

24-24′断层地表陡坎测线剖面

25-25′断层地表陡坎测线剖面

26-26′断层地表陡坎测线剖面

27-27′断层地表陡坎测线剖面

28-28′断层地表陡坎测线剖面

29-29′断层地表陡坎测线剖面

30-30′断层地表陡坎测线剖面

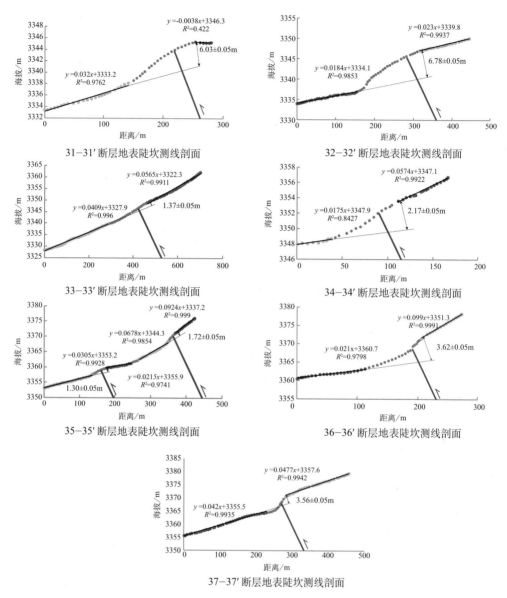

31–31′断层地表陡坎测线剖面

32–32′断层地表陡坎测线剖面

33–33′断层地表陡坎测线剖面

34–34′断层地表陡坎测线剖面

35–35′断层地表陡坎测线剖面

36–36′断层地表陡坎测线剖面

37–37′断层地表陡坎测线剖面

图 5.33　利用 RTK 实测断层陡坎剖面

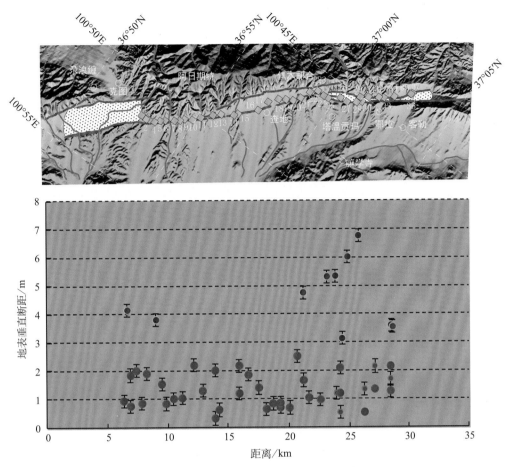

图 5.34 沿断层走向（由南东至北西）测量的海晏段断层的地表垂直断距与距离的分布图
填绘的地表破裂带标注在位移图的上方，用来概略的展示测量位移值的相对位置，灰色方框
为测线在断层陡坎上的位置；红色点为全新世地表断层陡坎垂直高度点，紫色点为晚更新世
地表断层陡坎垂直高度点

表 5.4 海晏段地表断层陡坎的相关测量参数

测线名称	断层下、上盘趋近点	断层下盘斜率（%）	断层上盘斜率（%）	断层下盘截距	断层上盘截距	垂直最小、最大位错量	垂直位错量平均值	地表断层陡坎的推测年代
1—1'	130.103	1.26	2.19	3264.2	3263.6	0.6100	0.9605	全新世
	205.4955	1.26	2.19	3264.2	3263.6	1.3111		
2—2'	190.0519	4.45	2.39	3260.8	3267.8	3.0849	4.1670	晚更新世
	84.9936	4.45	2.39	3260.8	3267.8	5.2491		

续表

测线名称	断层下、上盘趋近点	断层下盘斜率（%）	断层上盘斜率（%）	断层下盘截距	断层上盘截距	垂直最小、最大位错量	垂直位错量平均值	地表断层陡坎的推测年代
3—3'	66. 3254	2.69	3.82	3257.3	3257.1	0.5495	0.7761	全新世
	106. 4406	2.69	3.82	3257.3	3257.1	1.0028		
	177. 7815	3.82	5.88	3257.1	3255.1	1.6623	1.8642	全新世
	197. 3806	3.82	5.88	3257.1	3255.1	2.0660		
4—4'	145. 5996	6.12	3.29	3268.4	3273.6	1.0795	2.0276	全新世
	78. 5998	6.12	3.29	3268.4	3273.6	2.9756		
5—5'	116. 2243	1.88	3.04	3287.3	3286.6	0.6482	0.8732	全新世
	155. 0181	1.88	3.04	3287.3	3286.6	1.0982		
6—6'	145. 8103	1.99	2.54	3288.9	3289.8	1.7020	1.9263	全新世
	227. 3758	1.99	2.54	3288.9	3289.8	2.1506		
7—7'	90. 7632	3.57	3.84	3283.7	3287.2	3.6751	3.8255	晚更新世
	202. 1629	3.57	3.84	3283.7	3287.2	3.9758		
8—8'	75. 5295	2.82	4.52	3317.3	3317.0	0.9840	1.5574	全新世
	142. 9907	2.82	4.52	3317.3	3317.0	2.1308		
9—9'	202. 37	3.68	6.70	3317.8	3312.5	0.8116	0.8612	全新世
	145. 337	3.68	6.70	3317.8	3312.5	0.9108		
10—10'	97. 7246	1.75	2.58	3306.9	3307.0	0.9111	1.0347	全新世
	127. 5113	1.75	2.58	3306.9	3307.0	1.1583		
11—11'	293. 9923	2.33	2.59	3301.3	3301.4	0.8644	1.0584	全新世
	443. 2216	2.33	2.59	3301.3	3301.4	1.2524		
12—12'	123. 4827	3.05	3.87	3307.6	3308.5	1.9126	2.2107	全新世
	196. 2006	3.05	3.87	3307.6	3308.5	2.5088		
13—13'	205. 9596	2.01	2.76	3293.3	3292.8	1.0447	1.3160	全新世
	278. 3043	2.01	2.76	3293.3	3292.8	1.5873		
14—14'	391. 4	2.64	1.81	3281.6	3284.9	0.0514	0.3428	全新世
	474. 005	2.64	1.81	3281.6	3284.9	0.6342		
	134. 0223	1.81	2.71	3284.9	3285.1	1.4062	2.0300	全新世
	272. 6389	1.81	2.71	3284.9	3285.1	2.6538		

续表

测线 名称	断层下、 上盘趋近点	断层下 盘斜率 （%）	断层上 盘斜率 （%）	断层下 盘截距	断层上 盘截距	垂直最小、 最大位错量	垂直位错 量平均值	地表断层陡坎 的推测年代
15—15'	96.6288	2.80	3.41	3285.4	3285.2	0.3894	0.6419	全新世
	179.3986	2.80	3.41	3285.4	3285.2	0.8943		
16—16'	815.7483	2.33	1.88	3291.4	3296.1	1.0291	1.2215	全新世
	730.2428	2.33	1.88	3291.4	3296.1	1.4139		
	272.7959	2.97	2.33	3287.8	3291.4	1.8541	2.1981	全新世
	165.2891	2.97	2.33	3287.8	3291.4	2.5421		
17—17'	122.8104	2.05	3.05	3317.2	3316.8	0.8281	1.8740	全新世
	331.9832	2.05	3.05	3317.2	3316.8	2.9198		
18—18'	303.1125	3.64	4.01	3302.2	3302.0	0.9215	1.4210	全新世
	573.0773	3.64	4.01	3302.2	3302.0	1.9204		
19—19'	143.8169	2.83	3.94	3296.1	3294.5	0.0036	0.6658	全新世
	263.7713	2.83	3.94	3296.1	3294.5	1.3279		
20—20'	226.2554	2.74	3.57	3308.2	3306.6	0.2779	0.8567	全新世
	365.7234	2.74	3.57	3308.2	3306.6	1.4355		
21—21'	838.7062	3.48	4.93	3342.4	3330.4	0.1612	0.7223	全新世
	739.0726	3.48	4.93	3342.4	3330.4	1.2834		
	209.6481	2.94	3.48	3343.0	3342.4	0.5321	0.8741	全新世
	336.3105	2.94	3.48	3343.0	3342.4	1.2161		
22—22'	221.6133	5.27	6.79	3372.5	3369.5	0.3685	0.7077	全新世
	266.237	5.27	6.79	3372.5	3369.5	1.0468		
23—23'	304.3179	3.44	3.69	3402.9	3406.1	2.4392	2.5275	全新世
	233.6886	3.44	3.69	3402.9	3406.1	2.6158		
24—24'	82.2006	0.57	2.75	3334.4	3333.5	0.8920	1.6803	全新世
	154.5259	0.57	2.75	3334.4	3333.5	2.4687		
	422.4184	3.86	4.52	3329.6	3331.0	4.1880	4.7718	晚更新世
	599.3477	3.86	4.52	3329.6	3331.0	5.3557		
25—25'	66.0796	4.43	5.33	3322.4	3322.6	0.7947	1.0637	全新世
	125.8613	4.43	5.33	3322.4	3322.6	1.3328		

续表

测线名称	断层下、上盘趋近点	断层下盘斜率（%）	断层上盘斜率（%）	断层下盘截距	断层上盘截距	垂直最小、最大位错量	垂直位错量平均值	地表断层陡坎的推测年代
26—26'	70.566	3.67	4.46	3268.0	3268.1	0.6575	0.9928	全新世
	155.4561	3.67	4.46	3268.0	3268.1	1.3281		
27—27'	292.4547	0.04	5.69	3274.0	3292.9	2.1423	5.3301	晚更新世
	181.1903	0.04	5.69	3274.0	3292.9	8.5178		
28—28'	80.4601	3.92	5.66	3304.0	3306.3	0.9000	1.2222	全新世
	43.43	3.92	5.66	3304.0	3306.3	1.5443		
29—29'	486.7627	2.92	2.48	3314.1	3318.5	2.2582	2.1126	全新世
	552.9845	2.92	2.48	3314.1	3318.5	1.9669		
	84.6336	1.48	2.92	3315.5	3314.1	0.1813	0.5458	全新世
	160.4428	1.48	2.92	3315.5	3314.1	0.9104		
30—30'	214.8529	0.22	7.19	3314.1	3328.1	0.9752	3.1454	晚更新世
	124.5988	0.22	7.19	3314.1	3328.1	5.3155		
31—31'	253.2345	3.20	0.38	3333.2	3346.3	4.0342	6.0321	晚更新世
	141.6219	3.20	0.38	3333.2	3346.3	8.0299		
32—32'	152.7579	1.84	2.30	3334.1	3339.8	6.4027	6.7766	晚更新世
	315.336	1.84	2.30	3334.1	3339.8	7.1505		
33—33'	287.7732	4.09	5.65	3327.9	3322.3	1.1107	1.3665	全新世
	462.9653	4.09	5.65	3327.9	3322.3	1.6223		
34—34'	37.8448	1.75	5.74	3347.9	3347.1	0.7100	2.1714	全新世
	111.0978	1.75	5.74	3347.9	3347.1	3.6328		
35—35'	175.857	3.05	2.15	3353.2	3355.9	1.1173	1.2980	全新世
	135.7023	3.05	2.15	3353.2	3355.9	1.4787		
	348.4559	6.78	9.24	3344.3	3337.2	1.4720	1.7243	全新世
	368.9709	6.78	9.24	3344.3	3337.2	1.9767		
36—36'	112.8316	2.10	9.90	3360.7	3351.3	0.5991	3.6158	全新世
	205.5434	2.10	9.90	3360.7	3351.3	6.6324		
37—37'	229.3336	4.20	4.77	3355.5	3357.6	3.4072	3.5583	晚更新世
	282.3676	4.20	4.77	3355.5	3357.6	3.7095		

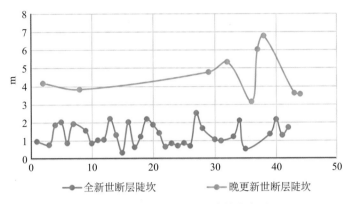

图 5.35　海晏段断层陡坎趋势分布图

5.3.5　日月山断裂段地表陡坎测量

日月山段全长 48km，野外调查显示日月山段受人为改造较严重，只在部分冲沟沟口有原始陡坎出露（图 5.36）。

因此布设了 17 条测线，对日月山段地表陡坎进行了 RTK 测量，共测算出 17 条断层陡坎，图 5.37 为利用 RTK 实测断层陡坎剖面，地表断层陡坎的相关测量数据见表 5.5。

野外调查认为，断层陡坎发育在山前的两期冲洪积扇体上，测年结果分别为 3.6±0.1 和 19.5±0.8ka。

实测断层地表陡坎剖面共 17 条（图 5.38），根据断层陡坎上、下面的趋近点、斜率及截距，计算出 17 个断层实际陡坎高度，高度在 0.4535～4.0945m。自北向南，全新世陡坎高度变化较大，该断裂段只获取了一个晚更新世断层陡坎的高度值（图 5.39）。

其中全新世地表陡坎高度在 0.4535～2.8461m，该断层陡坎的平均高度代表全新世该段断层的累计位错量，采用蒙特·卡罗方法计算得到平均高度为 1.5520m，误差为一个标准差，方差为 0.7946，陡坎所在冲洪积扇体形成年代的实际测年结果为 3.6±0.1ka，由此推算的垂直滑动速率为 0.43mm/a；晚更新世地表陡坎高度为 4.0945m，通过计算，平均高度为 4.0945m，陡坎所在冲洪积扇体形成年代的实际测年结果为 19.5±0.8ka，由此推算的垂直滑动速率为 0.21mm/a。

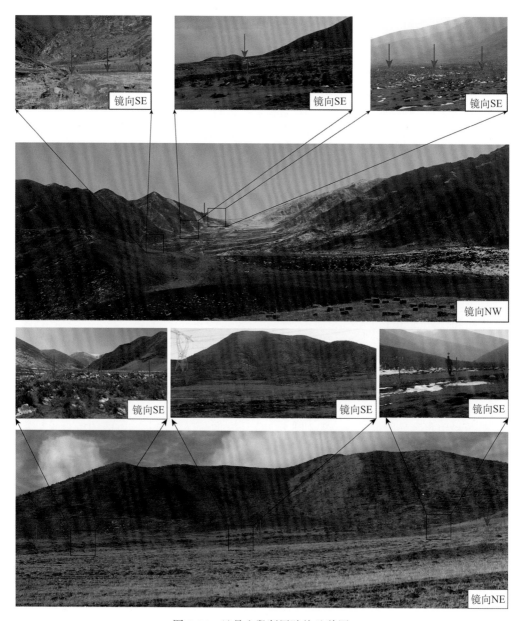

图 5.36 日月山段断层陡坎地貌图

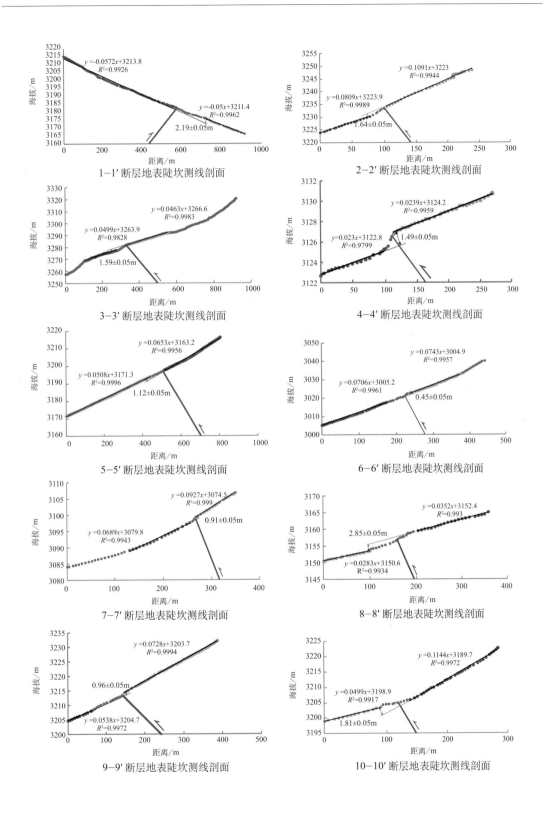

1-1′ 断层地表陡坎测线剖面

2-2′ 断层地表陡坎测线剖面

3-3′ 断层地表陡坎测线剖面

4-4′ 断层地表陡坎测线剖面

5-5′ 断层地表陡坎测线剖面

6-6′ 断层地表陡坎测线剖面

7-7′ 断层地表陡坎测线剖面

8-8′ 断层地表陡坎测线剖面

9-9′ 断层地表陡坎测线剖面

10-10′ 断层地表陡坎测线剖面

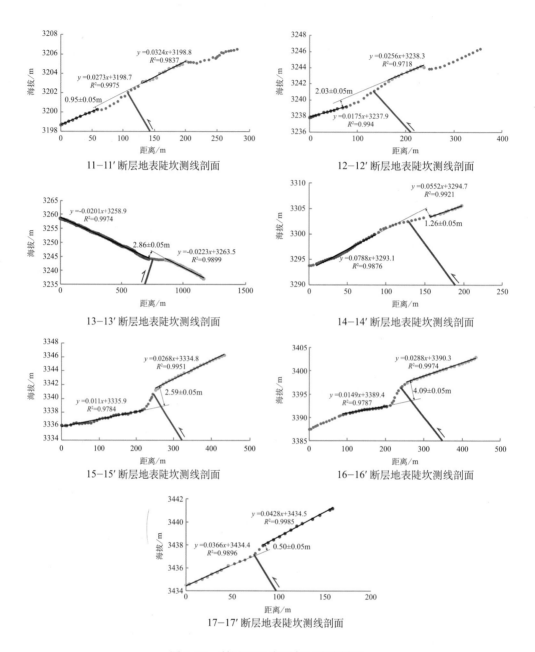

11−11′断层地表陡坎测线剖面

12−12′断层地表陡坎测线剖面

13−13′断层地表陡坎测线剖面

14−14′断层地表陡坎测线剖面

15−15′断层地表陡坎测线剖面

16−16′断层地表陡坎测线剖面

17−17′断层地表陡坎测线剖面

图 5.37　利用 RTK 实测断层陡坎剖面

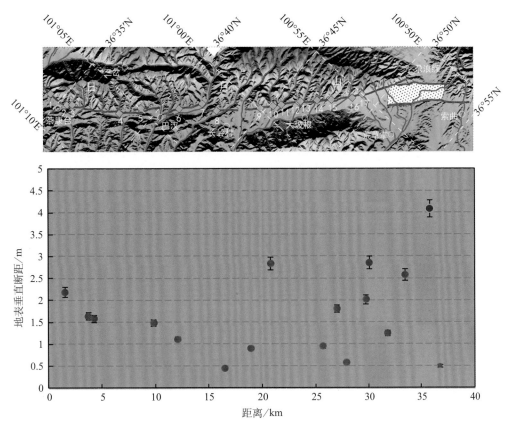

图 5.38　沿断层走向（由南东至北西）测量的日月山段断层的地表垂直断距与距离的分布图
填绘的地表破裂带标注在位移图的上方，用来概略的展示测量位移值的相对位置，
灰色方框为测线在断层陡坎上的位置；红色点为全新世地表断层陡坎垂直高度点，
紫色点为晚更新世地表断层陡坎垂直高度点

表 5.5　日月山段地表断层陡坎的相关测量参数

测线名称	断层下、上盘趋近点	断层下盘斜率（%）	断层上盘斜率（%）	断层下盘截距	断层上盘截距	垂直最小、最大位错量	垂直位错量平均值	地表断层陡坎的推测年代
1—1'	567.7852	5.00	5.72	3211.4	3213.8	1.6881	2.1905	全新世
	707.3596	5.00	5.72	3211.4	3213.8	2.6930		
2—2'	77.3676	8.09	10.91	3223.9	3223.0	1.2818	1.6447	全新世
	103.1067	8.09	10.91	3223.9	3223.0	2.0076		
3—3'	337.9882	4.99	4.63	3263.9	3266.6	1.4832	1.5918	全新世
	277.6576	4.99	4.63	3263.9	3266.6	1.7004		

测线名称	断层下、上盘趋近点	断层下盘斜率（%）	断层上盘斜率（%）	断层下盘截距	断层上盘截距	垂直最小、最大位错量	垂直位错量平均值	地表断层陡坎的推测年代
4—4'	97.7093	2.30	2.39	3122.8	3124.2	1.4879	1.4947	全新世
	112.6783	2.30	2.39	3122.8	3124.2	1.5014		
5—5'	519.015	5.08	6.53	3171.3	3163.2	0.5743	1.1161	全新世
	444.2826	5.08	6.53	3171.3	3163.2	1.6579		
6—6'	235.5377	7.06	7.43	3005.2	3004.9	0.5715	0.4535	全新世
	171.7794	7.06	7.43	3005.2	3004.9	0.3356		
7—7'	254.7089	6.89	9.27	3079.8	3074.5	0.7621	0.9063	全新世
	266.8287	6.89	9.27	3079.8	3074.5	1.0505		
8—8'	99.6205	2.83	3.52	3150.6	3152.4	2.4874	2.8461	全新世
	203.6106	2.83	3.52	3150.6	3152.4	3.2049		
9—9'	60.6755	5.38	7.28	3204.7	3203.7	0.1528	0.9618	全新世
	145.8258	5.38	7.28	3204.7	3203.7	1.7707		
10—10'	138.3238	4.99	11.44	3198.9	3189.7	0.2781	1.8112	全新世
	90.7873	4.99	11.44	3198.9	3189.7	3.3442		
11—11'	58.0302	2.73	3.24	3198.7	3198.8	0.3960	0.5854	全新世
	132.3155	2.73	3.24	3198.7	3198.8	0.7748		
12—12'	237.4232	1.75	2.56	3237.9	3238.3	2.3231	2.0271	全新世
	164.3196	1.75	2.56	3237.9	3238.3	1.7310		
13—13'	859.5637	2.23	2.01	3263.5	3258.9	2.7090	2.8623	全新世
	720.148	2.23	2.01	3263.5	3258.9	3.0157		
14—14'	157.1622	7.88	5.52	3293.1	3294.7	2.1090	1.2561	全新世
	84.8768	7.88	5.52	3293.1	3294.7	0.4031		
15—15'	215.7012	1.10	2.68	3335.9	3334.8	2.3081	2.5868	全新世
	250.9774	1.10	2.68	3335.9	3334.8	2.8654		
16—16'	256.5733	1.49	2.88	3389.4	3390.3	4.4664	4.0945	晚更新世
	203.0726	1.49	2.88	3389.4	3390.3	3.7227		
17—17'	45.5655	3.66	4.28	3434.4	3434.5	0.3825	0.4978	全新世
	82.7675	3.66	4.28	3434.4	3434.5	0.6132		

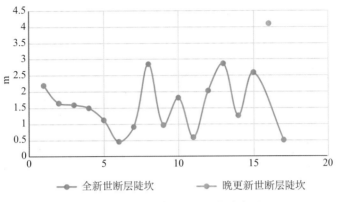

图 5.39　海晏段断层陡坎趋势分布图

5.4　结论和探讨

日月山断裂各次级断裂段断层陡坎垂直位移空间分布特征明显（图 5.40），主要表现为各个断裂段中间陡坎比较发育，日月山断裂段和海晏断裂段晚更新世断层陡坎发育较少，说明该段断层在晚更新世处于相对稳定期。

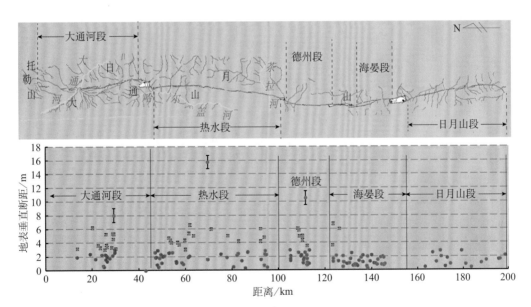

图 5.40　沿断层走向（由北西至南东）测量的日月山断裂的地表垂直断距与距离的分布图

填绘的地表破裂带标注在位移图的上方，用来概略的展示测量位移值的相对位置，灰色方框为测线在断层陡坎上的位置；红色点为全新世地表断层陡坎垂直高度点，蓝色点为晚更新世地表断层陡坎垂直高度点，紫色点为早中更新世地表断层陡坎垂直高度点，测量误差棒用穿过数据点垂直细线表示。灰色线表示最大位移包络线，其中虚线段表示数据点稀少或模拟结果控制性差通过野外实地利用差分 GPS 测量，活动弯滑断层正向坎相关参数计算经验公式（Thompson et al.，2002；杨晓东等，2014），准确的获得了各个断层陡坎的高度值，采用蒙特·卡罗方法计算得到各个断裂段断层陡坎高度的平均值和误差的方差，数据采集和处理方法精准可靠，获得了断层在不同时期的各次级断裂段的垂直累计位移平均值（表 5.6，图 5.41），可以看出，各断裂段垂直累计位移变化不大，整体上，自北向南，日月山断裂中部垂直累计位移稍高，断裂两端偏低，这可能与断层活动主要是从中部向两边过渡有关。晚更新世断层垂直累计位错量是全新世断层垂直累计位错量的 2 倍。

表 5.6　日月山断裂各次级断裂段垂直累积位错量

断层陡坎形成时代	日月山断裂各次级断裂段垂直累积平均位错量/m									
	大通河段		热水段		德州段		海晏段		日月山段	
	位错量	方差	位错量	方差	位错量	方差	位错量	方差	位错量	方差
全新世	1.8457	0.7340	1.7933	0.77352	1.8197	0.6355	1.3351	0.5808	1.5520	0.7946
晚更新世	4.1087	1.1501	4.3683	0.8617	4.9863	0.5323	4.7008	1.2682	4.0945	
早—中更新世	8.1707	0.1773	8.7662	3.78055	8.6636	2.5029				

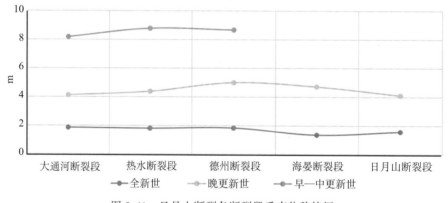

图 5.41　日月山断裂各断裂段垂直位移特征

通过对日月山断裂各次级段上断层断错冲沟、阶地和冲洪积扇体的水平位错量遥感影像解译工作，结合野外调查获得的相关地貌面的年龄数据，初步得到了日月山断裂各次级断裂段晚更新世、全新世以来的滑动速率（表 5.7，图 5.42）。

从图 5.42 中可以看出，总体上水平滑动速率明显大于垂直滑动速率，说明日月山断裂以右旋水平活动为主；日月山断裂带上垂直滑动速率变化不大，趋于直线，说明个断裂段整体抬升，抬升幅度基本一致。全新世以来的垂直滑动速率要高于晚更新世晚期以来的滑动速率，两者相差不大，各断裂段之间全新世以来垂直滑动速率趋于 0.5mm/a。各个断裂段间水平滑动速率相差较大，热水断裂段和日月山断裂段未取得可靠的数据，自北向南，晚更新世晚期以来水平滑动速率逐渐增高，除热水断裂段外，其他各断裂段全新世以来水平滑动速率趋于 2.8mm/a。

表 5.7　日月山断裂各段落滑动速率

名称	方向	晚更新世晚期以来滑动速率/（mm/a）	全新世以来滑动速率/（mm/a）
大通河段	水平	1.02	3.1
	垂直	0.21	0.51
热水段	水平		1.68
	垂直	0.22	0.50
德州段	水平	2.85	2.55
	垂直	0.26	0.51
海晏段	水平	3.5	2.75
	垂直	0.24	0.37
日月山段	水平		
	垂直	0.21	0.43

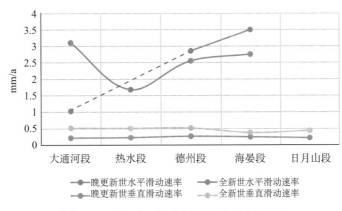

图 5.42　日月山断裂各断裂段滑动速率对比

　　研究认为在日月山地区广泛发育 2 期冲洪积扇体，日月山断裂北段断错了这两期冲洪积扇体，通过对日月山断裂北段各断裂段垂直位错量和水平位错量的测量，对所得到的垂直位错量进行统计分析，利用 2 期冲洪积扇的年龄和统计分析得到的与这两期冲洪积扇体对应的年龄数据估算了日月山断裂各个断裂段的水平和垂直滑动速率，可能用于断裂上累积位错量的滑动速率估算是比较准确的，但对于利用同震错量估算断层的滑动速率是不适用的，估算结果可能偏小。

第六章 日月山断裂北段的古地震事件分析

古地震学是研究地质记录中大地震地表破裂遗迹，探讨活动构造大地震复发特征的学科。古地震研究在很大程度上弥补了仪器和历史记录的短暂性和局限性，使得我们能够在几个地震重复周期的时段上认识断裂的长期活动习性和估计未来大地震发生的危险性（冉勇康等，2012）。

古地震研究的首要关键问题是探槽开挖地点的选取，探槽点的选取要满足两个条件，一是古地震事件的多期次，二是能够采集到合适的限定事件发生的测年样品（冉勇康等，2012）。本研究工作选择在第四纪沉积环境好，断层比较单一的冲洪积扇体上开挖了 4 个古地震探槽，其中 3 个位于德州段，共 4 个剖面；另外一个位于海晏段达玉村（图 6.1）。

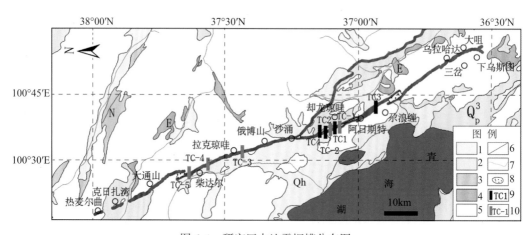

图 6.1 研究区古地震探槽分布图

1. 全新统；2. 晚更新统；3. 新近系；4. 古近系；5. 前第四系；6. 断层
7. 水系；8. 拉分区；9. 探槽位置及编号；10. 前人开挖探槽及编号

6.1 古地震探槽描述

6.1.1 德州断裂段探槽

1. 一号探槽描述

德州村 1 号探槽布设于德州村北晚更新统至全新统冲洪积面上，位于冲沟南岸约 10m 处，这里冲沟由北东向南西流动，在出山口堆积了规模很大的冲洪积物，冲洪积物被山前断裂 F3 错断。考虑到开挖探槽位置要尽可能多地揭露多期古地震事件，并且采集到 ^{14}C 测年样品，因此在台地前缘陡坎遭受改造最小的部位布设探槽，以完整地揭露古地震事件，1 号探槽长 21m，宽 2m，深 3~4m，走向 235°。

探槽剖面见图 6.2，剖面共揭露出 10 套地层，具有如下特征：

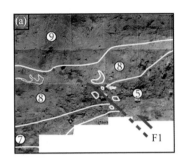
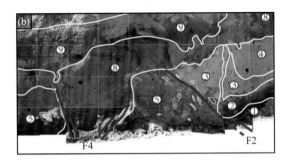

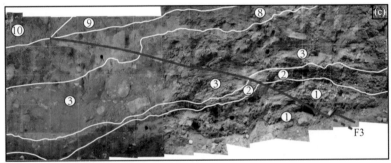

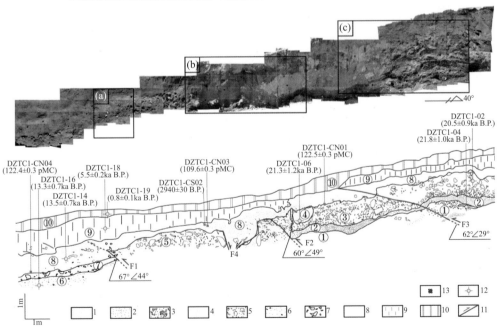

图 6.2　德州村 1 号探槽剖面图

1. 细砂层；2. 黏土质细砾层；3. 中砾层；4. 含砾中砂层；5. 中砾层；6. 粗砂层；7. 中西砾砾层；
8. 粉细砂层；9. 砂质黏土层；10. 腐殖层；11. 断裂；12. 光释光样取样位置；13. ¹⁴C 取样位置

①细砂层：颜色为淡黄色，层理不明显，层厚约 5cm，细砂层仅在断层 F3 上盘出露，未见底。

②黏土质细砾层：颜色为灰绿色，砾石砾径以 1~2cm 为主，偶见 3~4cm 砾石，分选性较好，磨圆度较差，砾石呈次棱角状，半胶结，层厚约 50cm，在细砾层中部土黄色细砂透镜体中（DZTC1-04）光释光（采样深度为 2.9m）测年结果为 21.8±1.0ka。

③中砾层：颜色为灰白色，砾石砾径以 5~20cm 为主，偶见 30~40cm 的砾石。其中花岗岩风化严重，较为破碎，底部发育厚约 10cm 的细砾层，砾石呈次棱角状、次圆状，分选较差，层厚 1~1.5m。

④含砾中砂层：颜色为灰白色，砾石砾径 2~3cm，为断塞塘沉积，层理较为清楚，在断层附近发生变形，该层厚度约 1m，靠近底部中砂层（DZTC1-06）光释光（采样深度为 2.0m）测年结果为 23.8±1.3ka。

⑤中砾层：颜色为灰白色，砾石分选较差，呈次棱角状、次圆状，砾径以 2~20cm 为主，偶见 35cm 左右的砾石，层厚 80cm。

⑥粗砂层：颜色呈黄褐色，偶见中砾，层理不明显，厚度约 20cm，未见底，靠近底部粗砂层（DZTC1-16）光释光（采样深度为 3.0m）测年结果为 13.3±0.7ka。

⑦中细砾层：该层厚约 6cm，砾石大小较为均一，砾径 5~7cm，分选较好，呈棱角、次棱角状。

⑧粉细砂层：颜色为土黄色，层厚约 50~60cm，夹有黑色泥砾及火焰状砂质黏土，泥砾在上、下盘之间发生揉皱变形，具有层理。

⑨砂质黏土层：较为疏松，该层划分为 2 个亚层⑨-1 和⑨-2，⑨-1 为第⑨层下部，层厚约 30cm，表现为土黄色砂层条带的反倾变形；⑨-2 为⑨层上部，层厚约 40cm，表现为近水平的灰黑色黏土条带，靠近黏土层中部（DZTC1-18、DZTC1-CS02）光释光（采样深度为 1.5m）和 ^{14}C（采样深度约 1.35m）测年结果分别为 5.5±0.2ka、2940±30a B. P.。

⑩腐殖层：颜色为黑色，植物根系发育，土壤松散，无层理，层厚约 40cm，靠近底部腐殖土（DZTC1-19）光释光（采样深度为 0.25m）测年结果为 0.8±0.1ka。

2. 二号探槽描述

德州村 2 号探槽布设于德州村北晚更新统至全新统冲洪积面上，考虑到开挖探槽位置要尽可能多地揭露多期古地震事件，并且采集到 ^{14}C 测年样品，因此活动走滑断裂的古地震探槽一般选取在大地震事件与地层响应明显的地方，2 号探槽选择在台地前缘陡坎处布设，以完整地揭露古地震事件，2 号探槽长 14m，宽约 2m，深 2~3m，垂直落差 5.5m，探槽走向 62°。

探槽南壁剖面见图 6.3，剖面从下至上共揭露出 8 套地层，具有如下特征：

①-1 黏土质细砾层：颜色为青灰色，砾径 0.5~3cm，以细砾为主，分选较好，砾石呈棱角状，砾石层露头厚度约 40cm，未见底；在主断层下盘该层中含长约 20cm，厚约 6cm 的土黄色细砂透镜体以及 70cm 长、15cm 厚的砖红色砂砾石透镜体。

①-2 黏土质细砾层：颜色为灰绿色，砾石砾径以 1~2cm 为主，偶见 3~4cm 砾石，分选性较好，磨圆度较差，砾石呈次棱角状，层厚 13~30cm，在断层下盘该层尖灭，可见层理。

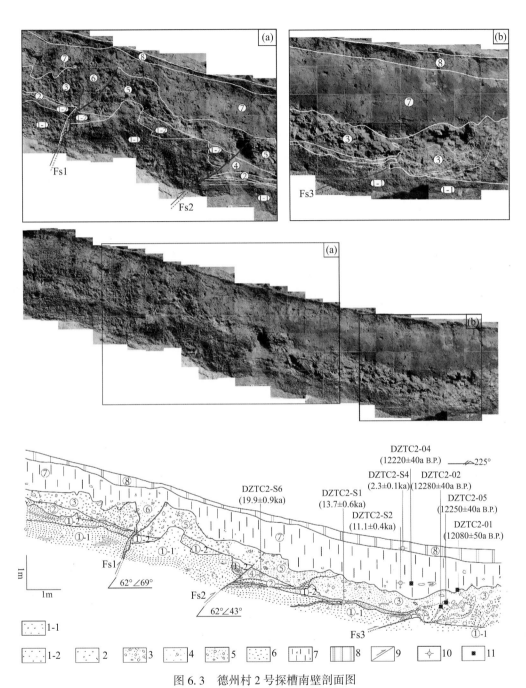

图 6.3　德州村 2 号探槽南壁剖面图

1-1. 黏土质细砾层（青灰色）；1-2. 黏土质细砾层（灰绿色）；2. 细砂层；3. 中砾层（砖红色）；

4. 坎前堆积；5. 中砾层（灰白色）；6. 崩积楔；7. 含砾粗砂层；8. 腐殖层；9. 断层；

10. 光释光样取样位置 ；11. ^{14}C 取样位置

②细砂层：颜色为土黄色，偶见砾石，砾径 2~3cm，层厚 10~25cm，该层只在主断层下盘发育，可见层理，推测其来源为西南侧青海湖风成堆积搬运沉积形成，细砂层中部（DZTC2-S1）光释光（采样深度为 2.25m）测年结果分别为 13.7±0.6ka。

③中砾层：颜色为砖红色，砾径以 2~7cm 为主，偶见 10~15cm 砾石，分选、磨圆均较差，砾石呈次棱角状，层厚约 1m，在层顶距顶部 10cm 处发育一套长约 2m，厚约 10~30cm 的中砂透镜体，可见层理。

④坎前堆积：该层为灰白色中细砂组成，含少量小砾石，粒径一般为 1~2cm，该层中部（DZTC2-S6）光释光（采样深度分别为 1.75m）测年结果分别为 19.9±0.9ka。

⑤中砾层：颜色为灰白色，砾径以 3~7cm 为主，偶见 10~15cm 砾石，分选、磨圆度均较差，砾石呈次棱角状，层厚约 60，探槽南壁砂砾石中间（DZTC2-02，DZTC2-05）[14]C（采样深度分别为 1.8、1.7m）测年结果为 12280±40、12250±40a B. P.。

⑥崩积楔：颜色为灰白色，砾石砾径以 2~5cm 中砾为主，偶见 8~10cm 砾石，分选、磨圆均较差，砾石呈次棱角状，该层为断层 Fs1 活动后形成的崩积楔。

⑦砂质粉土：颜色为土黄色，层内含有少量砾石，砾径 3~15cm，呈棱角、次棱角状，层厚 49~100cm，层内发育一套厚约 1m 的 U 形沉积层，为古河道侵蚀形成并在后期为土黄色细砂层充填，靠近细砂层底部（DZTC2-S2）光释光（采样深度分别为 1.3m）测年结果分别为 11.1±0.4ka，（DZTC2-01）[14]C 测年结果为 12080±50a B. P.，中部（DZTC2-04）[14]C（采样深度为 1.25m）测年结果为 12220±40a B. P.。

⑧腐殖层：颜色为黑色，植物根系发育，土壤松散，无层理，层厚 20~50cm，靠近细腐殖层层底部（DZTC2-S4）光释光（采样深度为 0.4m）测年结果为 2.3±0.1ka。

探槽北壁剖面见图 6.4，剖面共揭露出 8 套地层，具有如下特征：

①黏土质细砾层：颜色为青黑色，砾径为 0.5~3cm，分选较好，磨圆度较差，以角砾为主，顺坡层理明显，可见厚度约 40cm，层内夹有土黄色的细砂透镜体以及长约 70cm 砖红色的砂砾石透镜体。

②黏土质细砾层：颜色为灰绿色，砾石砾径以 1~2cm 为主，偶见 3~4cm 砾石，分选性较好，磨圆度较差，砾石呈次棱角状，层厚 13~30cm，在断层下盘该层尖灭，可见层理，推测该层形成于一种气候潮湿且水动力较稳定的环境下。

③细砂层：颜色为土黄色，偶见细砾，砾石砾径约 1~2cm，层厚约为 10~25cm，该层仅见于主断层下盘，其成因类型为风积砂，细砂层中间（DZTC2-N4）光释光（采样深度为 0.6m）测年结果为 16.4±0.7ka。

④砂砾石层：颜色为灰白色，砾石砾径以 2~5cm 中砾为主，偶见 20cm 左右砾石，分选、磨圆均较差，砾石呈次棱角状，层厚 15~20cm，可见层理。

⑤中砾层：颜色为砖红色，砾径以 2~7cm 为主，偶见砾径为 20cm 的砾石，砾石分选和磨圆度均较差，呈次棱角状，层厚约 1m，在该层上部距顶面约 10cm 处，夹有一中砂透镜体，透镜体长约 2m，厚约 10~30cm。

⑥含砾粗砂层：颜色为暗红色，砾石砾径以 3~5cm 中砾为主，偶见 15cm 左右砾石，分选、磨圆均较差，砾石呈次棱角状，层厚 15~20cm，可见层理，砂砾石下部（DZTC2-N5）光释光（采样深度为 4m）测年结果为 25.8±1.0ka。

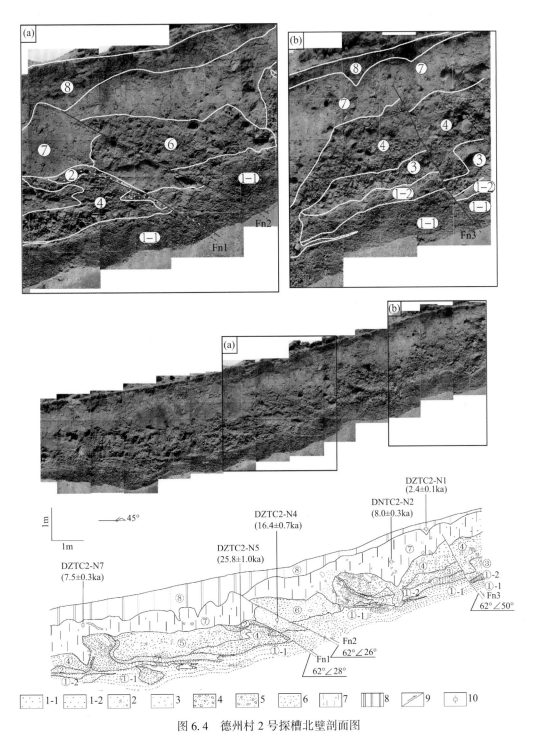

图 6.4 德州村 2 号探槽北壁剖面图

1. 黏土质细砾层（青黑色）；2. 黏土质细砾层（灰绿色）；3. 细砂层；4. 砂砾石层；5. 中砾层；

6. 含砾粗砂层 7. 细砂层；8. 腐殖层；9. 断裂；10. 光释光样取样位置

⑦细砂层：颜色为土黄色，含有中细砾，砾石砾径以 3cm 左右为主，偶见 10cm 左右砾石，层厚 40~100cm，靠近细砂层下部（DZTC2-N2）光释光（采样深度为 1.4m）测年结果为 8.0±0.3ka，上部（DZTC2-N7）光释光（采样深度为 1.2m）测年结果为 7.5±0.3ka。

⑧腐殖层：颜色为黑色，植物根系发育，土壤松散，无层理，层厚 20~50cm，靠近腐殖层底部，（DZTC2-N1）光释光（采样深度为 0.25m）测年结果为 2.4±0.1ka。

6.1.2　海晏断裂段探槽

1. 探槽描述

3 号探槽布设于达玉村南山前冲洪积扇面上，考虑到开挖探槽位置要尽可能多地揭露多期古地震事件，并且采集到 ¹⁴C 测年样品，因此活动走滑断裂的古地震探槽一般选取在大地震事件与地层响应明显的地方，3 号探槽选择在台地前缘陡坎处布设，以完整地揭露古地震事件，4 号探槽长 14m，宽约 2m，深 2~3m，垂直落差 5.5m，探槽走向 220°。

探槽南壁剖面见图 6.5，剖面共揭露出 7 套地层，具有如下特征：

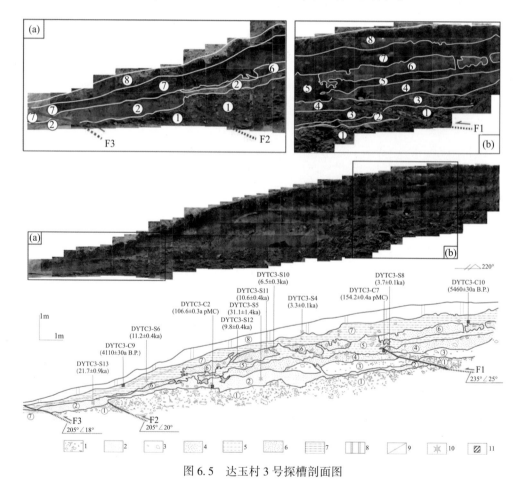

图 6.5　达玉村 3 号探槽剖面图

1. 中砾层；2. 粉细砂层；3. 含砾黏土层；4. 细砂层；5. 砂质黏土层；6. 细砂层；7. 淤泥质黏土层；
8. 腐殖层；9. 断裂；10. 光释光样取样位置；11. ¹⁴C 取样位置

①中砾层：颜色为青灰色，厚度 20~100cm，砾石砾径以 2~10cm 为主，偶见 20~40cm 的砾石，砾石分选、磨圆度均较差，呈棱角、次棱角状，层理不明显，未见底。

②粉细砂层：颜色为淡黄色，层厚 10~70cm，该层在断层 F1 上盘未见，推测为断层逆冲抬升过程中松散的层②被剥蚀、搬运至下盘，使得粉细砂在断层上盘未保留下来，而下降盘断层面附近沉积较厚，无层理。粉细砂层上部 DYTC3-S13）光释光（采样深度为 0.87m）测年结果为 21.7±0.9ka、中间（DYTC3-S5）光释光（采样深度为 2.0m）测年结果为 31.1±1.4ka。

③含砾黏土层，颜色为砖红色，层厚 8~50cm，在层顶零散堆积砾径 10~20cm 的砾石，层内以 2~5cm 砾石为主，砾石分选、磨圆度均较差，无层理，胶结程度低。

④细砂层：颜色为土黄色，层厚 5~50cm，无层理。该层上部（DYTC3-S8）光释光（采样深度为 1.6m）测年结果为 3.7±0.1ka。

⑤砂质黏土层：颜色为灰黑色，层厚 20~30cm。淤泥质黏土层上部（DYTC3-S6）光释光（采样深度为 0.5m）测年结果为 11.2±0.4ka B.P.。

⑥细砂层：颜色为土黄色，层厚 20~30cm，该层被层⑤包裹，未见层理，层内有黑色泥砾发育。

⑦淤泥质黏土层：颜色为灰黑色，层厚 40~60cm，层内发育土黄色泥砾，上部植物根系也较发育。靠近黏土层底部（DZTC3-C10）^{14}C（采样深度为 0.75m）测年结果为 5640±30a B.P.，上部（DZTC3-C09）^{14}C（采样深度为 0.45m）测年结果为 4110±30a B.P.。

⑧腐殖层：颜色为黄褐色，层厚 8~30cm，植物根系发育。腐殖层下部（DYTC3-S4）光释光（采样深度为 0.3m）测年结果为 3.3±0.1ka。

6.2　古地震事件及复发间隔

6.2.1　一号探测古地震事件及年代限制

根据断层断错地层及古地震识别标志，1 号探槽剖面记录中，至少可以识别出 3 次最新古地震事件：

事件Ⅰ：最早沉积①、②、③层，层④为侵蚀沟槽，断层 F2 发生了一次断错，断错了层⑤，断层面附近砾石具定向排列，并在层⑤中形成张裂隙 F4，之后沉积了层⑥、层⑦、层⑧，层⑥、层⑦被剥蚀而未保存下来。事件发生在层④DZTC1-06（21.3±1.2ka）和层⑧DZTC1-14（13.5±0.7ka）之间。

事件Ⅱ：断层 F1 断错了层⑧DZTC1-14（13.5±0.7ka），层⑨DZTC1-18（5.5±0.2ka）未断错，事件发生在 13.5±0.7ka 和 5.5±0.2ka 之间。

事件Ⅲ：层②与层③变形幅度差不多，说明断层 F3 在层③和层④形成之后活动，层断错了层⑧和层⑨DZTC1-18（5.5±0.2ka），之后沉积形成层⑩DZTC1-19（0.8±0.1ka），事件发生在 DZTC1-18（5.5±0.2ka）及 DZTC1-19（0.8±0.1ka）之间。

6.2.2　二号探测古地震事件及年代限制

根据断层断错地层及古地震识别标志，2 号探槽南壁剖面可以揭露出 3 次古地震事件：

事件Ⅰ：层①、层②、层③形成后，Fs2 活动错断了层①、层②，层③被侵蚀，并在断层下盘附近形成了坎前堆积层④和蹦积层⑤，该为一次古地震事件。事件发生在层①-2 DZTC2-S1（13.7±0.6ka）和层③DZTC2-02（12280±40a B. P.）之间，时代约在 13.7±0.6ka 和 12280±40a B. P. 之间。

事件Ⅱ：层①、层②、层③形成后，Fs1 活动断错了层①、层②、层③，层③顶部张裂被后期的层⑦充填，形成构造楔层⑥，并在断错下盘蹦积形成层⑤，之后上覆层⑦，事件在层③形成之后，层⑦形成之前，时代约在 DZTC2-02（12280±40a B. P.）和 DZTC2-S2（11.1±0.4ka）之间。

事件Ⅲ：Fs2 活动断错了两次蹦积楔层⑤，之后沉积了层⑧，本次事件在层⑧形成之前。

根据断层断错地层及古地震识别标志，2 号探槽北壁剖面至少可以揭露两次古地震事件：

事件Ⅰ：层⑤形成后，Fn1 断层活动断错了层⑤，并形成喷砂冒水层③，之后沉积层⑥，该为一次古地震事件。事件时代约在 DZTC2-N5（25.8±1.0ka）之前。

事件Ⅱ：层⑥形成后，在层⑦形成过程中，Fn2、Fn3 断层同时活动断错了层⑦中部，事件时代在 DZTC2-N5（25.8±1.0ka）及 DZTC2-N2（8.0±0.3ka）之间。

事件Ⅲ：Fs2 活动断错层⑦（DZTC2-N7（7.5±0.3ka）），之后上覆沉积了层⑧DZTC2-N1（2.4±0.1ka），事件发生在 7.5±0.3 和 2.4±0.1ka 之间。

6.2.3　三号探测古地震事件及年代限制

根据断层断错地层及古地震识别标志，3 号探槽剖面可以揭露出 3 次古地震事件：

事件Ⅰ：断层 F2 断错了层①和层②底部，上部未发生变形，层①断层附近砾石定向排列，可能是一次古地震事件，其时代 DYTC3-S13（21.7±0.9ka）之后。

事件Ⅱ：断层 F1 断至层④顶部，断层附近砾石定向排列，在层④顶部零散堆积了砾径 10~15cm 的砾石，为坎前堆积，之后被层⑤覆盖，事件在 DYTC3-S11（10.6±0.4ka）和 DYTC3-S13（21.7±0.9ka）之间。

事件Ⅲ：是最新的一次古地震事件，断层 F3 断至层⑦顶部，被层⑧覆盖，事件时代由 DYTC3-C9（4110±30a B. P.）和 DYTC3-S4（3.3±0.1ka）之间。

6.2.4　古地震事件及复发间隔探讨

根据三个探槽揭露的地层层序和地层组成物质的特征，分别做出了三个探槽的地层柱状图。对三个探槽所处的地质地貌环境进行了对比分析，探槽所在的区域划分出了十套地层。分别对三个探槽揭露出的古地震事件进行了对比、归并分析，做出了确定古地震事件的探槽综合地层剖面图（图6.6）。

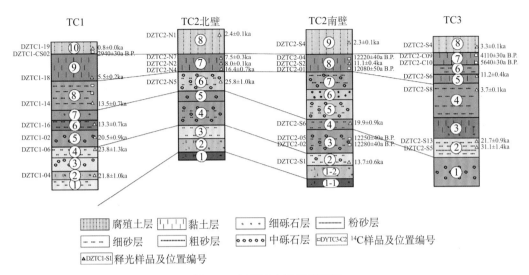

图 6.6 探槽综合地层剖面图

袁道阳等（2003b）古地震研究结果，将日月山断裂古地震事件划分为 3 次，分别为 9645±220、6280±120 和 2220±360a B.P.。李智敏等（2013）在热水段开挖了古地震探槽，探槽揭露出了 1 次古地震事件，其时代为 9865±40a B.P 之后；根据探槽揭露出的地层层序特征，通过对三个探槽揭示的古地震事件和前人的研究成果分析（图 6.7），初步揭露出了 9 次古地震事件，从老到新分别为：

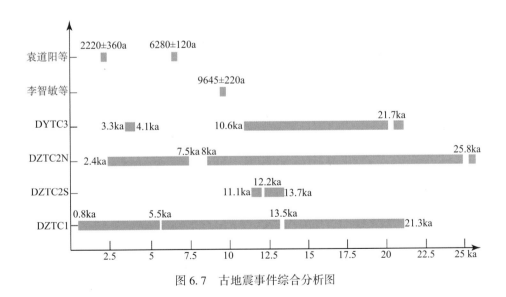

图 6.7 古地震事件综合分析图

E1 事件距今约为 25.8ka；E2 事件距今约为 21.5ka；
E3 事件距今约为 17.4ka；E4 事件距今约为 11.6ka；

　　E5 事件距今约为 9645a；E6 事件距今约为 6280a；

　　E7 事件距今约为 3.7ka；E8 事件距今约为 2220a；

　　E9 事件距今约为 0.8ka。

　　由于年龄样品的不确定性，分析认为事件 E4—E9 的年龄较为可信，事件 E5—E7 之间古地震事件可能有缺失，由此计算的古地震事件复发间隔古地震的复发间隔约为 1500a。

　　结合前人的研究成果，基于断裂长度和估算得到的同震水平位错量可计算其震级为 $M_W7.0$。整个断裂带似乎符合约 1500a 复发间隔的准周期的复发模式。约 1000a 的离逝时间和较高的滑动速率，预示着日月山断裂带未来具有较高的大震危险性。

第七章 结 论

通过遥感影像解译、野外地震地质调查和地貌面年龄的限定、断层陡坎和水平位移量的测量及统计计算分析和古地震探槽的开挖，取得了以下结论。

（1）通过测年和区域对比，初步建立了日月山地区的第四纪时间标尺，日月山地区 T1 阶地拔河在 1.6~3.2m，形成年龄大约 1.3±0.1ka；T2 阶地拔河 7.8~12.9m，海拔在 3511~3611，形成年龄在 11.6±0.2~15.7±0.7ka；T3 阶地海拔 3526m，拔河约 26m，形成年龄 137±6ka；T4 阶地海拔 3579m，拔河 79.3m，形成年龄 157±7ka；日月山地区广泛发育 2 期冲洪积扇体，经测年认为形成年代分别为 3.6±0.1 和 19.5±0.8ka。

（2）在前人研究的基础上，利用断层几何学分段的理论，在前人划分为 4 个次级断裂段的基础上，把日月山断裂北段划分为 5 个次级断裂段，分别为大通河段、热水段、德州段、海晏段、日月山段等。主要是把德州段重新划分为 2 段，主要依据是德州段和海晏段之间的阶区为断层倾向发生转换的部位，在该处日月断裂北段切穿日月山体，该阶区以北断裂发育在日月山的西麓，倾向东，以南断裂发育在日月山的东麓，倾向西。

（3）日月山断裂总体上水平滑动速率明显大于垂直滑动速率，说明日月山断裂以右旋水平活动为主；日月山断裂带上垂直滑动速率变化不大，趋于直线，说明断裂段整体抬升，抬升幅度基本一致。全新世以来的垂直滑动速率要高于晚更新世晚期以来的滑动速率，两者相差不大，各断裂段之间全新世以来垂直滑动速率趋于 0.5mm/a。各个断裂段间水平滑动速率相差较大，热水断裂段和日月山断裂段未取得可靠的数据，自北向南，晚更新世晚期以来水平滑动速率逐渐增高，除热水断裂段外，其它各断裂段全新世以来水平滑动速率趋于 2.8mm/a。

（4）通过对开挖 3 个探槽的古地震事件的对比分析，初步分析出了 9 次古地震事件，事件 E5—E7 古地震事件可能有缺失，由此计算的古地震事件复发间隔约为 1500a。

存在的不足及需要进一步深入研究的问题：

本书对日月山断裂晚第四纪的活动习性做了系统研究，对许多取得的基础资料进行了整理，并在此基础上探讨了日月山断裂在区域构造背景下的构造意义，但书中尚存许多不足之处，这些不足和问题有待今后更深入的研究。

（1）测年问题：地貌面的测年数据相对较少，年代数据的可靠性缺乏足够的验证。

（2）研究认为在日月山地区广泛发育 2 期冲洪积扇体，日月山断裂北段断错了这两期冲洪积扇体，通过对日月山断裂北段各断裂段垂直位错量和水平位错量的测量，对所得到的垂直位错量进行统计分析，利用 2 期冲洪积扇的年龄和统计分析得到的与这两期冲洪积扇体对应的年龄数据估算了日月山断裂各个断裂段的水平和垂直滑动速率，可能用于断裂上累积位错量的滑动速率估算是比较准确的，但对于利用同震错量估算断层的滑动速率是不适用的，估算结果可能偏小。

（3）研究工作主要集中在层状地貌面中断层位错量的获取方面，对于河流阶地的抬升和青藏高原隆起之间的关系还需深入研究。

参 考 文 献

陈桂华、李峰、郑荣章、徐锡伟、于贵华、闻学泽、安艳芬、李陈侠，2008，逆冲型断裂同震地表变形定量分析的几个问题——以汶川 M_S8.0 地震为例 [J]，地震地质，(03)：674~682

邓起东，2002，中国活动构造研究的进展和展望 [J]，地质论评，18 (2)：168~177

邓起东、陈立春、冉勇康，2004，活动构造定量研究与应用 [J]，地学前缘，11 (4)：383~392

邓起东、闻学泽，2008，活动构造研究——历史、进展与建议 [J]，地震地质，30 (1)：1~30

邓起东、张培震，1995，活动断裂分段研究的原则和方法 [A]，北京：地震出版社，196~207

邓起东、张培震、冉勇康等，2002，中国活动构造基本特征 [J]，中国科学 (D 辑)，32 (12)：1020~1030

邓起东、张培震、冉勇康等，2003，中国活动构造与地震活动 [J]，地学前缘，10 (特刊)：66~73

丁国瑜，1992，有关活断层分段的一些问题 [J]，中国地震，8 (2)：1~10

丁国瑜、田勤俭、孔凡臣等，1993，活动断裂分段：原则、方法与应用 [M]，北京：地震出版社，1~143

付碧宏、时丕龙、贾营营，2009，青藏高原大型走滑断裂带晚新生代构造地貌生长及水系响应 [J]，地质科学，44 (04)：1343~1363

付碧宏、张松林、谢小平等，2006，阿尔金断裂系西段——康西瓦断裂的晚第四纪构造地貌特征研究 [J]，第四纪研究，26 (2)：228~235

国家地震局地壳应力研究所，1991，黄河积石峡水电站工程场地地震安全性评价报告

郝明，2012，基于精密水准数据的青藏高原东缘现今地壳垂直运动与典型地震同震及震后垂直形变研究 [D]，中国地震局地质研究所

何宏林、周本刚，1993，地震活动断层分段和最大潜在地震 [J]，地震地质，15 (4)：333~340

李吉均、方小敏、马海洲、朱俊杰、潘保田、陈怀录，1996，晚新生代黄河上游地貌演化与青藏高原隆起 [J]，中国科学 (D 辑：地球科学)，(04)：316~322

李吉均、文世宣、张青松、王富葆、郑本兴、李炳元，1979，A discussion on the period, amplitude and type of the uplift of the Qinghai-Xizang plateau [J]，Science in China, Ser. A, (11)：1314~1328

李涛、陈杰、黄明达、余松，2009，逆断层型地震地表破裂带滑动矢量计算方法探讨——以汶川地震为例 [J]，第四纪研究，29 (03)：524~534

李智敏、李文巧、田勤俭等，2013，青藏高原东北缘热水—日月山断裂带热水段古地震初步研究 [J]，地球物理学进展，28 (4)：1766~1771

李智敏、李文巧、殷翔等，2019，利用构造地貌分析日月山断裂晚更新世以来的演化 [J]，地震地质，41 (5)：781~792

李智敏、苏鹏、黄帅堂等，2018，日月山断裂德州段晚更新世以来的活动速率研究 [J]，地震地质，40 (3)：656~671

李智敏、屠泓为、田勤俭、张军龙、李文巧，2010，2008 年青海大柴旦 6.3 级地震及发震背景研究，地球物理学进展，25 (3)：768~775

李智敏、王强、屠泓为，2012，热水—日月山断裂带遥感特征初步探讨 [J]，高原地震，24 (03)：16~22

梁诗明，2014，基于 GPS 观测的青藏高原现今三维地壳运动研究 [D]，中国地震局地质研究所

刘百篪、袁道阳、何文贵、刘小凤，1992，海原断裂带西端强震危险性分析 [J]，西北地震学报，(S1)：49~56

刘少峰、张国伟、P L Heller，2007，循化—贵德地区新生代盆地发育及其对高原增生的指示 [J]，中国科学 (D 辑：地球科学)，(S1)：235~248

刘小龙、袁道阳，2004，青海德令哈巴音郭勒河断裂带的新活动特征［J］，西北地震学报，26（4）：303~308

闵伟、张培震、何文贵、李传友、毛凤英、张淑萍，2002，酒西盆地断层活动特征及古地震研究［J］，地震地质，（01）：35~44

莫宣学，2010，青藏高原地质研究的回顾与展望［J］，中国地质，37（04）：841~853

潘保田，1991，黄河发育与青藏高原隆起问题，兰州大学，博士论文

潘保田，1994，贵德盆地地貌演化与黄河上游发育研究［J］，干旱区地理，（03）：43~50

潘保田、李吉均、曹继秀、陈发虎，1996，化隆盆地地貌演化与黄河发育研究［J］，山地研究，（03）：153~158

冉永康、邓起东，1998，海原断裂的古地震及特征地震破裂的分级性讨论［J］，第四纪研究，3：271~278

冉勇康、王虎、李彦宝、陈立春，2012，中国大陆古地震研究的关键技术与案例解析（1）——走滑活动断裂的探槽地点、布设与事件识别标志［J］，地震地质，34（02）：197~210

任纪舜、亨纪舜、黄汲清，1980，中国大地构造及其演化：1：400万中国大地构造图简要说明［M］，科学出版社

施雅风、李吉均、李炳元、姚檀栋、王苏民、李世杰、崔之久、王富保、潘保田、方小敏、张青松，1999，晚新生代青藏高原的隆升与东亚环境变化［J］，地理学报，（01）：12~22

宋春晖、方小敏、李吉均、高军平、孙东、聂军胜、颜茂都，2003，青海贵德盆地晚新生代沉积演化与青藏高原北部隆升［J］，地质论评，（04）：337~346

田勤俭、丁国瑜，2006，青藏高原北部第四纪早期断裂活动的新生性变化初步研究［J］，第四纪研究，26（1）：32~39

田勤俭、丁国瑜、申旭辉，2001，拉分盆地与海原断裂带新生代水平位移规模［J］，中国地震，（02）：67~75

田勤俭、申旭辉、丁国瑜、陈正位、韦开波、邢成起、柴炽章，2000，海原断裂带内第三纪老龙湾拉分盆地的地质特征［J］，地震地质，（03）：329~336

王萍、袁道阳、刘兴旺、蒋汉超，2007，兰州盆地黄河三级阶地的光释光年龄［J］，核技术，（11）：924~930

王琪、张培震、马宗晋，2002，中国大陆现今构造变形 GPS 观测数据与速度场［J］，地震前缘，（02）：415~429

徐锡伟、闻学泽、陈桂华、于贵华，2008，巴颜喀拉地块东部龙日坝断裂带的发现及其大地构造意义［J］，中国科学（D 辑：地球科学），（05）：529~542

徐锡伟、于贵华、陈桂华等，2007，青藏高原北部大型走滑断裂带近地表地质变形带特征分析［J］，地震地质，29（2）：201~217

徐锡伟、P Tapponnier、J Van Der Woerd、F J Ryerson、王峰、郑荣章、陈文彬、马文涛、于贵华、陈桂华、A S Meriaux，2003，阿尔金断裂带晚第四纪左旋走滑速率及其构造运动转换模式讨论［J］，中国科学（D 辑：地球科学），（10）：967~1027

杨晓东、陈杰、李涛、李文巧、刘浪涛、杨会丽，2014，塔里木西缘明尧勒背斜的弯滑褶皱作用与活动弯滑断层陡坎［J］，地震地质，36（01）：14~27

袁道阳、刘百篪、吕太乙等，1997，北祁连山东段活动断裂带古地震特征［J］，华南地震，17（2）：24~31

袁道阳、刘小龙、张培震等，2003a，青海热水—日月山断裂带的新活动特征［J］，地震地质，25（1）：155~165，doi：10.3969/j. issn. 0253-4967. 2003.01.015

袁道阳、刘小龙、张培震等，2003b，青海热水—日月山断裂带古地震的初步研究［J］，西北地震学报，25

（2）：136~142

袁道阳、张培震、刘百篪等，2004，青藏高原东北缘晚第四纪活动构造的几何图像与构造转换 [J]，地质学报，78（2）：270~278

曾永年、马海洲、李珍、李玲琴，1995，西宁地区湟水阶地的形成与发育研究 [J]，地理科学，（03）：253~258+298

张国民、马宏生、王辉、王新岭，2005，中国大陆活动地块边界带与强震活动 [J]，地球物理学报，48（03）：602~610

张克信、王国灿、洪汉烈、徐亚东、王岸、曹凯、骆满生、季军良、肖国桥、林晓，2013，青藏高原新生代隆升研究现状 [J]，地质通报，32（01）：1~18

张焜、孙延贵、巨生成、马世斌、余景晖，2010，青海湖由外流湖转变为内陆湖的新构造过程 [J]，国土资源遥感，（S1）：77~81

张培震、闵伟、邓起东等，2003，海原活动断裂带破裂行为特征研究 [J]，中国科学（D辑），33（8）：705~713

张培震、王琪、马宗晋，2002，中国大陆现今构造运动的GPS速度场与活动地块 [J]，地学前缘，（02）：430~441

张培震、郑德文、尹功名等，2006，有关青藏高原东北缘晚新生代扩展和隆升的讨论 [J]，第四纪研究，26（1）：5~13

郑文俊，2009，河西走廊及其邻区活动构造图像及构造变形模式 [D]，中国地震局地质研究所

郑文俊，2010，河西走廊及其邻区活动构造图像及构造变形模式 [J]，国际地震动态，（03）：33~36

郑文俊、袁道阳、何文贵，2004，祁连山东段天桥沟—黄羊川断裂古地震活动习性研究 [J]，地震地质，26（4）：645~657

郑文俊、张培震、葛伟鹏等，2012，河西走廊北部合黎山南缘断裂晚第四纪滑动速率及其对青藏高原向北东扩展的响应 [J]，国际地震动态，6：30~30

朱俊杰、曹继秀、钟巍、王建力，1994，兰州地区黄河最高阶地与最老黄土的古地磁年代研究 [A]，中国地球物理学会，1994年中国地球物理学会第十届学术年会论文集 [C]，中国地球物理学会：中国地球物理学会，（1）

1：20万地质图，10-47-22，地质部青海省地质局第一区域地质测量队，1960

1：20万地质图，10-47-23，地质部青海省地质局第一区域地质测量队，1977

1：20万地质图，10-47-29，地质部青海省地质局区域地质测量队，1966

1：20万地质图，10-47-30，地质部青海省地质局区域地质测量队，1964

Avouac J P and Tapponnier P, 1993, Kinematic model of active deformation in central Asia, Geophys. Res. Lett., 20, 895 - 898

Beaupretre S, Garambois S, Manighetti S, Malavieille J, Senechal G, Chatton M, Davies T, Larroque C, Rousset D, Cotte N, Romano C, 2012, Fingding the buried record of past earthquakes with GPR-based paleoseismology: a case study on the Hope fault, New Zealand, Geophysical Journal International, 189, 73 - 100, doi: 10. 1111/j. 1365 - 246X. 2012. 05366. x

Beaupretre S, Manighetti S, Garambois S, Malavieille J, Dominguez S, 2013, Strtigraphic architecture and fault offsets of alluvial terraces at Te Marua, Wellington fault, New Zealand, revealed by pseudo-3D GPR investigation, Journal of Geophysical Research: Soilid Earth, 118, 4564 - 4585, doi: 10. 1002/jgrb. 50317

England P C, Molnar P, 1997, Active deformation of Asia: From kinematics to dynamics, Science, 278, 647 - 650

England P C, Molnar P, 1990, Right-lateral shear and rotation as the explanation for strike-slip faulting in eastern Tibet [J], Nature, 344（6262）：140 - 142

England P, Molnar P, 2005, Late Quaternary to decadal velocity fields in Asia, J. Geophys. Res., 110, B12401, doi: 10. 1029/2004JB003541

Fang X M, Lü Lianqing, Joseph A Mason, Yang Shengli, An Zhisheng and Li Jijun, 2003, Pedogenic response to millennial summer monsoon enhancements on the Tibetan Plateau, Quat. Internat., 106/107, 79 – 88

Fang X M, Yan M D, Van der Voo R, Rea D K, Song C H, Pares J M, Nie J S, Gao J P and Dai S, 2005, Late Cenozoic deformation and uplift of the NE Tibetan Plateau: evidence from high-resolution magnetostratigraphy of the Guide Basin, Qinghai province, China, Geol. Soc. Am. Bull., 117, 1208 – 1225

Hough B G, Garzione C N, Wang Z C, Lease R O, Burbank D W and Yuan D Y, 2010, Stable isotope evidence for topographic growth and basin segmentation: Implications for the evolution of the NE Tibetan Plateau, Geological Society of America Bulletin, doi: 10. 1130/B30090. 1

Knuepfer M M, Han S P, Trapani A J et al., 1989, Reqional hemodynamic and baroreflex effects of endothelin in rats [J], American Journal of Physiology-Heart and Circulatory Physiology, 257 (3): H918 – H926

Lease R O, Burbank D W, Gehrels G E, Wang Z, Yuan D, 2007, Signatures of mountain building: Detrital zircon U/Pb ages from northeastern Tibet, Geology, 35 (3), 239 – 242

Métivier F, Gaudemer Y, Tapponnier P, Meyer B, 1998, Northeastward growth of the Tibet plateau deduced from balanced reconstruction of two depositional areas: The Qaidam and Hexi Corridor basins, China, Tectonics, 17 (6), 823 – 842

Meyer B, Tapponnier P, Bourjot L, Gaudemer Y, Peltzer G, Guo S, Chen Z, 1998, Crustal thickening in Gansu-Qinghai, lithospheric mantle subduction, and oblique, strike-slip controlled growth of the Tibet Plateau, Geophys. J. Int. 135 (1), 1 – 47

Molnar P, 2005, The growth of the Tibetan Plateau and Mio-Pliocene evolution of East Asian climate, Paleontologica Electronica, 1 – 23

Mohammed H Z, Ghazi A, Mustafa H E, 2013, Positional accuracy testing of Google Earth [J], International Journal of Multidisciplinary Science and Engineering, 4 (6): 6 – 9

Molnar P, England P, Martinod J, 1993, Mantle dynamics, uplift of the Tibet plateau, and the Indian Monsoon, Review of Geophysics, 31: 357 – 396

Molnar P, Stock J, 2009, Slowing of Indias Convergence with Erasia at −10Ma and its Implications for Tibetan Mantle Dynamics, Tectonics, 28, TC3001

Molnar P, Taponnier P, 1975, Cenozoic tectonics of Asia: Effect of a continental collision, Science, 189, 419 – 426

Muhammad S, Tian L, 2020, Mass balance and a glacier surge of Guliya ice cap in the western Kunlun Shan between 2005 and 2015 [J], Remote Sensing of Environment, 244: 111 – 832

Peltzer G, Tapponnier P, 1988, Formation and evolution of strike-slip faults, rifts, and basins during the India-Asia collision: an experimental approach, J. geophys

Potere D, 2008, Horizontal positional accuracy of Google Earth's high-resolution imagery archive [J], Sensors, 8 (12): 7973 – 7981

Tapponnier P, Peltzer G, Le Dain A Y et al., 1982, Propagating extrusion tectonics in Asia: New insights from simple experiments with plasticine [J], Geology, 10 (12): 611 – 616

Tapponnier P, Zhiqin X, Roger F et al., 2001, Oblique stepwise rise and growth of the Tibet Plateau [J], Science, 294 (5547): 1671 – 1677

Thompson S C, Weldon R J, Rubin C M et al., 2002, Late Quaternary slip rates across the central Tien Shan, Kyrgyzstan, central Asia [J], Journal of Geophysical Research: Solid Earth, 107 (B9): ETG 7 – 1-ETG 7 – 32

Yuan D Y, Champagnac J D, Ge W P et al., 2011, Late Quaternary right-lateral slip rates of faults adjacent to the lake Qinghai, northeastern margin of the Tibetan Plateau [J], Geological Society of America Bulletin, 123 (9 - 10): 2016 - 2030

Zhang P Z, Shen Z, Wang M et al., 2004, Continuous deformation of the Tibetan Plateau from global positioning system data [J], Geology, 32 (9): 809 - 812

Zhang P, Burchfiel B C, Molnar P et al., 1990, Late Cenozoic tectonic evolution of southern Ningxia, northeastern margin of Tibetab Plateau, Geological Society of American Bulletin, 0, 102: 1484 - 1498

Zhang P, Molnar P, Burchfiel B C et al., 1991, Rate, amount, and style of late Cenozoic deformation of southern Ningxia, northeastern margin of Tibetan Plateau, Tectonics, 10: 1110 - 1129

Zhang P, Shen Z, Wang M et al., 2004, Continuous deformation of the Tibetan Plateau from global positioning system data, Geology, 3 (9): 809 - 812